施工项目招投标及BIM应用

薛 立 金益民 张 铎 著

U0376473

化学工业出版社
·北京·

内 容 简 介

本书根据《中华人民共和国招标投标法》《中华人民共和国招标投标法实施条例》《中华人民共和国民法典》《建设工程施工合同（示范文本）》《建设工程工程量清单计价规范》及《建筑信息模型施工应用标准》等法律、法规和规范，总结了近年来建筑工程招投标、BIM技术在建筑工程领域的应用研究和实践成果。本书共6章，内容包括：招标投标与BIM相关知识、施工项目招标过程BIM应用、施工项目投标过程BIM应用、BIM技术支持下的施工项目开标、BIM技术支持下的施工项目评标、中标的施工项目合同签订。

本书可供广大建筑工程管理人员、施工企业和招投标公司从业人员学习使用，也可供高等学校工程管理、建筑工程等相关专业师生学习参考。

图书在版编目（CIP）数据

施工项目招投标及 BIM 应用 / 薛立，金益民，张铎著．—北京：化学工业出版社，2023.9（2024.5 重印）
ISBN 978-7-122-43616-0

Ⅰ.①施…　Ⅱ.①薛…　②金…　③张…　Ⅲ.①建筑工程—招标—计算机辅助设计—应用软件②建筑工程—投标—计算机辅助设计—应用软件　Ⅳ.①TU723

中国国家版本馆 CIP 数据核字（2023）第 101739 号

责任编辑：董　琳
责任校对：李雨晴　　　　　　　　装帧设计：张　辉

出版发行：化学工业出版社（北京市东城区青年湖南街 13 号　邮政编码 100011）
印　　装：北京盛通数码印刷有限公司
710mm×1000mm　1/16　印张 12　字数 230 千字
2024 年 5 月北京第 1 版第 2 次印刷

购书咨询：010-64518888　　　　售后服务：010-64518899
网　　址：http://www.cip.com.cn
凡购买本书，如有缺损质量问题，本社销售中心负责调换。

定　　价：85.00 元

前 言

  施工项目实行招标投标制度是我国工程建设管理体制改革的一项重要内容，是我国维护建筑市场公开、公平、公正，充分发挥市场正当竞争的需要，也是促进我国工程建设安全健康发展的需要。施工项目招标投标制度是一项能够充分保证工程建设行为合理、合法，有利于工程质量的提高以及投资效益的最大化，而且可以进一步深化企业改革，挖掘我国企业内部潜力，推广积极参与国际市场竞争的制度，也是建筑施工企业主要的生产经营活动之一。施工企业能否中标获得施工任务，通过完善的施工过程管理取得良好的经济效益，关系到企业的生存与发展。

  BIM 作为一种建筑信息模型，通过软件完成对各类建筑环境的数据化表述。此类数据模型不仅可以真实映射出建筑外环境所产生的各类信息，同时也可以利用数据数字的形式，直观化、可视化地表示出虚拟类数字场景，令此类模型通过同比例的缩减，达到对建筑现场的数字化分析。

  在招标阶段，运用 BIM 技术可以对工程量进行准确计算，能够实时检索出工程实际情况，构建高水准的模型，得到更为准确的工程量清单。在投标阶段，在技术标的构建过程中可以应用 BIM 技术对整体项目施工组织设计进行合理有效优化。运用 BIM 进行可视化碰撞检查及模拟实验，能够对设计方案中综合管线布置、重点施工部位、隐蔽工程、消防应急通道、预留洞口综合布置等进行检查，对检查中出现的各类问题及时调整，进行优化排布，减少后续施工过程中出现返工的概率，降低意外情况发生时的不确定因素。招标人利用此项技术可以对设计方案进一步优化，满足规范要求，降低建设成本，节约投资资金；投标人利用此项技术可以合理规划施工过程中的工序安排，组织更有效的施工组织设计，减少返工情况发生，节约成本、缩短工期、增大利润空间。

  我国在施工项目招投标管理工作中，BIM 技术的运用仍然处于初步阶段。国家有关部门全面鼓励工程招投标管理加大 BIM 技术应用力度，在未来，BIM 技术将会是工程招投标管理的重要工具。先进软件将大量涌现，各类软件功能越来越完善，应用范围逐渐扩大，将有效满足工程招投标管理工作需求。

本书内容包括：招标投标与 BIM 相关知识，施工项目招标过程 BIM 应用、施工项目投标过程 BIM 应用、BIM 技术支持下的施工项目开标、BIM 技术支持下的施工项目评标、中标的施工项目合同签订。本书力图站在时代的前沿，力求解决 BIM 施工项目招投标中的问题，为我国施工项目招投标工作迈上新的台阶提供一些方法。

本书由沈阳建筑大学薛立进行总体构思并负责统编定稿。其中第 1 章部分内容、第 4 章由张铎执笔；第 1 章部分内容、第 2 章、第 3 章和第 6 章部分内容由薛立执笔；第 5 章、第 6 章部分内容由金益民执笔。

本书在写作过程中，查阅、检索和参考了许多工程招标投标与合同管理、BIM 技术方面的信息和资料，在此对有关作者深表感谢！

BIM 技术应用于施工项目招投标的有关理论、方法还需要在工程实践中不断丰富、完善和发展。由于著者学识水平有限，时间仓促，书中难免有疏漏和不足之处，恳请读者批评指正。

著者

2023 年 3 月

目录

BIM

第 1 章　招标投标与 BIM 相关知识　①

第3章　施工项目投标过程 BIM 应用　　63

第4章 BIM 技术支持下的施工项目开标　114

第5章 BIM 技术支持下的施工项目评标　123

第6章　中标的施工项目合同签订 148

第1章
招标投标与 BIM 相关知识

1.1 招标与投标概述

1.1.1 招标投标的含义

招标投标是一种商品交易行为，包括招标和投标两个方面的内容，是在商品经济比较发达阶段出现的，是商品经济发展的结果。随着商品生产的进一步发展，商品交换便出现了现货交易和期货交易两种方式。

（1）现货交易

现货交易是买卖双方在商品市场上见面以后，通过讨价还价达成契约，进行银货授受行为，即进行交割，或在极短的期限内履行交割的一种买卖。交割完成后，交易即告结束。

（2）期货交易

期货交易也称定期交易或期货买卖，是交易成立时双方约定一定时期实行交割的一种买卖。这种方式适用于大宗商品、外汇、证券等交易。期货交易方式的出现，客观上要求交易成立之前的洽谈具有广泛性质，交易成立之后的契约具有约束性，这就促使了招标投标的产生。

招标投标是在市场经济条件下进行工程建设、货物买卖、财产出租、中介服务等经济活动的一种竞争形式和交易方式，是引入竞争机制订立合同（契约）的一种法律形式。招标投标是指招标人对工程建设、货物买卖、劳务承担等交易业务，事先公布选择采购的条件和要求，招引他人承接，若干或众多投标人作出愿意参加业务承接竞争的意思表示，招标人按照规定的程序和办法择优选定中标人的活动。

施工项目招标是指招标人（建设单位、业主或其委托的招标代理机构）在发包施工项目之前，公开招标或邀请投标人，投标人根据招标人的意图和要求提出报价，择日当场开标，以便从中择优选定中标人的一种经济活动。施工项目投标是指具有合法资格和能力的投标人（施工单位或组成的联合体）根据招标条件，经过初步研究和估算，在指定期限内完成投标书，提出报价并等候开标，决定能否中标的经济活动。采用这种交易方式必须具备两个基本条件：一是要有开展竞争的市场经济运行机制；二是必须存在招标投标项目的买方市场，能够形成多家竞争的局面。

施工项目招标投标法律关系的基本主体有：招标人及其委托的招标代理机构、投标人。这里的招标人是指依法提出招标项目、进行招标的法人或者其他组织。投标人是指响应招标，并按照招标文件的要求参与施工项目竞争的法人或者其他组织。招标代理机构是以自己的知识、智力为招标人提供服务的独立于任何行政机关的组织。招标代理机构不能是自然人，可以是有限责任公司、合伙等组织形式。

1.1.2 招标投标的性质

我国 2021 年 1 月 1 日开始实施的《中华人民共和国民法典》（以下简称《民法典》）明确规定：招标公告是要约邀请。也就是说，招标实际上是邀请投标人对其提出要约（即报价），属于要约邀请。投标是一种要约，符合要约的所有条件，如具有缔结合同的主观目的；一旦中标，投标人将受投标书的约束；投标书的内容具有足以使合同成立的主要条件等。招标人向中标的投标人发出的中标通知书，是招标人同意接受中标的投标人的投标条件，即同意接受该投标人的要约的意思表示，应属于承诺。

1.1.3 招标投标的意义

实行施工项目的招标投标是我国建筑市场趋向规范化、完善化的重要举措，对于择优选择承包单位、全面降低工程造价，进而使工程造价得到合理有效的控制具有十分重要的意义，具体表现在以下几方面。

（1）形成由市场定价的价格机制

实行施工项目的招标投标基本形成了由市场定价的价格机制，使工程价格更加趋于合理。其最明显的表现是若干投标人之间出现激烈竞争（相互竞标），这种市场竞争最直接、最集中的表现就是在价格上的竞争。通过竞争确定出工程价格，使其趋于合理或下降，这将有利于节约投资、提高投资效益。

（2）不断降低社会平均劳动消耗水平

实行施工项目的招标投标能够不断降低社会平均劳动消耗水平，使工程价格得到有效控制。在建筑市场中，不同投标者的个别劳动消耗水平是有差异的。通过推行招标投标，最终是那些个别劳动消耗水平最低或接近最低的投标者获胜，这样便实现了生产力资源较优配置，也对不同投标者实行了优胜劣汰。面对激烈竞争的压力，为了自身的生存与发展，每个投标者都必须切实在降低自己个别劳动消耗水平下功夫，这样将逐步并全面地降低社会平均劳动消耗水平，使工程价格更为合理。

（3）工程价格更加符合价值基础

实行建设项目的招标投标便于供求双方更好地相互选择，使工程价格更加符合价值基础，进而更好地控制工程造价。由于供求双方各自出发点不同，存在利益矛盾，因而单纯采用"一对一"的选择方式，成功的可能性较小。而采用招标投标方式就为供求双方在较大范围内进行相互选择创造了条件，为需求者（如建设单位、业主）与供给者施工企业在最佳点上的结合提供了可能。需求者对供给者选择基本出发点是"择优选择"，即选择那些报价较低、工期较短、具有良好业绩和管理水平的供给者，这样为合理控制工程造价奠定了基础。

（4）能够减少交易费用

实行施工项目的招标投标能够减少交易费用，节省人力、物力、财力，进而使工程造价有所降低。我国目前从招标、投标、开标、评标直至定标，均在统一的建筑市场中进行，并有较完善的法律、法规规定，已进入制度化操作。招标投标中，若干投标人在同一时间、地点报价竞争。在专家支持系统的评估下，以群体决策方式确定中标者，必然减少交易过程的费用，这本身就意味着招标人收益的增加，对工程造价必然产生积极的影响。

总之，招标投标作为市场交易方式的最优选择，为规范市场、建立统一的市场规则与秩序提供了范例。保证市场在价值规律作用下有效地调节供需关系，影响并指导产业结构、技术结构的调整，从而间接地影响宏观经济政策。通过价格机制，使市场核心功能发挥作用，达到合理的资源配置，进而调节社会资源的流向。

1.1.4　招投标的主体

（1）招标人

招标人是依法提出招标项目、进行招标的法人或者其他组织。招标人分为两类：一是法人；二是其他组织。《中华人民共和国招标投标法》（以下简称《招标投标法》）没有将自然人定义为招标人。

法人是指依法注册登记，具有独立的民事权利能力和民事行为能力，依法享有民事权利和承担民事义务的组织，包括企业法人和机关、事业单位及社会团体法人。法人必须具备：依法成立，具有必要的财产（企业法人）或经费（机关、社会团体、事业单位法人），有自己的名称、组织机构和场所，能够独立承担民事责任。

其他组织是指合法成立、有一定组织机构和财产，但又不具备法人资格的组织。例如：合法人的分支机构，企业之间或企业、事业单位之间联营，不具备法人条件的组织，合伙组织，个体工商户等。

建设单位作为招标人办理招标，应具备：是法人或依法成立的其他组织；有与招标工程相适应的经济、技术管理人员；有组织编制招标文件的能力；有审查投标人资质的能力；有组织开标、评标、定标的能力。

招标人必须提出招标项目，进行招标。

（2）招标代理机构

招标代理机构是依法设立、从事招标代理业务并提供相关服务的社会中介组织。建设工程招标代理的被代理人是指工程项目的所有者或者经营者，代理机构则是指法律定义的一种代理人。

依法设立是指招标代理机构设立的目的和宗旨符合国家和社会公共利益的要求，其组织机构、设立方式、经营范围、经营方式符合法律的要求，依照法律规定的审核和登记程序办理有关成立手续。招标代理机构作为社会中介组织，其服务宗旨是为招标人提供代理服务，招标代理机构应当在招标人委托的范围内办理招标事宜。

作为社会中介组织，招标代理机构与行政机关和其他国家机关不得存在隶属关系或其他利益关系。否则，就会形成政企不分，会对其他代理机构构成不公平待遇。

招标代理机构的业务范围：从事招标代理业务，即接受委托，组织招标活动。具体包括帮助招标人拟定招标文件，依据招标文件的规定，审查投标人的资质，组织评标、定标等。提供与招标代理业务相关的服务即提供与招标活动有关的咨询、代书及其他服务性工作。

招标人与招标代理机构之间是一种委托代理关系。代理人在代理权限内，以被代理人的名义实施民事法律行为。被代理人对代理人的行为承担民事责任。招标人委托招标代理人代理招标，必须与之签订招标代理合同（协议）。招标代理合同应当明确委托代理招标的范围和内容，招标代理人的代理权限和期限，代理费用的约定和支付，招标人应提供的招标条件、资料和时间要求，招标工作安排，以及违约责任等主要条款。

一般来说，招标人委托招标代理人代理后，不得无故取消委托代理，否则要向招标代理人赔偿损失，招标代理人并有权不退还有关招标资料。在招标公告或投标邀请书发出前，招标人取消招标委托代理的，应向招标代理人支付招标项目金额 0.2％的赔偿费；在招标公告或投标邀请书发出后开标前，招标人取消招标委托代理的，应向招标代理人支付招标项目金额 1％的赔偿费；在开标后招标人取消招标委托代理的，应向招标代理人支付招标项目金额 2％的赔偿费。招标人和招标代理人签订的招标代理合同，应当报政府招标投标管理机构备案。

（3）投标人

施工项目的投标人是建设工程招标投标活动中的另一方当事人施工企业，是指响应招标，并按照招标文件的要求参与工程任务竞争的法人或者其他组织。投标人必须具备的基本条件：必须有与招标文件要求相适应的人力、物力和财力；必须有符合招标文件要求的资质等级和相应的工作经验与业绩证明；符合法律、法规、规章和政策规定的其他条件。

为保证建设工程的顺利完成，《招标投标法》规定投标人应具备的条件："国家有关规定对投标人资格条件或者招标文件对投标人资格条件有规定的，投标人应当具备规定的资格条件。"

投标人在向招标人提出投标申请时，应附带有关投标资格的资料，以供招标人审查，这些资料应表明自己存在的合法地位、资质等级、技术与装备水平、资金与财务状况、近期经营状况及以前所完成的与招标工程项目有关的业绩等。

（4）联合体投标

联合体投标指的是某承包单位为了承揽不适于自己单独承包的工程项目而与其他单位联合，以一个投标人的身份去投标的行为。《招标投标法》第三十一条规定："两个以上法人或者其他组织可以组成一个联合体，以一个投标人的身份共同投标。"大型建设工程项目往往不是一个投标人所能完成的，所以，法律允许几个投标人组成一个联合体共同参与投标，并对联合体投标的相关问题作出了明确规定。

① 联合体的法律地位。联合体由多个法人或经济组织组成，但在投标时是作为一个独立的投标人出现的，具有独立的民事权利能力和民事行为能力。

② 联合体的资格。联合体各方均应具有承担招标项目必备的条件如相应的人力、物力、资金等；国家或招标文件对投标人资格条件有特殊要求的，联合体各个成员都应当具备规定的相应资格条件；同一专业的单位组成的联合体应当按照资质等级较低的单位确定联合体的资质等级。

③ 联合体各方的责任。联合体各方应签订共同投标协议，明确约定各方在拟承包的工程中所承担的义务和责任。

④ 投标人的意思自治。投标时，投标人是否与他人组成联合体，与谁组成联合体，都由投标人自行决定，任何人均不得干涉。《招标投标法》第三十一条规定："招标人不得强制投标人组成联合体共同投标，不得限制投标人之间的竞争。"

联合体应注意以下几个问题：联合体对外以一个投标人的身份共同投标，联合体中标的，联合体各方应当共同与招标人签订合同，就中标项目向招标人承担连带责任；组成联合体投标是联合体各方的自愿行为；联合体各方签订共同投标协议后，不得再以自己的名义单独投标，也不得组成新的联合体或参加其他联合体在同一项目中投标。

资格预审后联合体增减、更换成员的，其投标无效。由于联合体属于临时性的松散组合，在投标过程中可能发生联合体成员变更的情形。通常情况下，联合体成员的变更必须在投标截止时间之前得到招标人的同意，如联合体成员的变更发生在通过资格预审之后，其变更后联合体的资质需要进行重新审查。

1.1.5　必须招标的工程项目规定

（1）必须招标的工程建设项目范围规定

2018 年 3 月 30 日，国家发展改革委印发《必须招标的工程项目规定》（国家发展改革委第 16 号令）规定如下。

① 全部或者部分使用国有资金投资或者国家融资的项目包括：使用预算资金 200 万元人民币以上，并且该资金占投资额 10％以上的项目；使用国有企业事业单位资金，并且该资金占控股或者主导地位的项目。

② 使用国际组织或者外国政府贷款、援助资金的项目包括：使用世界银行、亚洲开发银行等国际组织贷款、援助资金的项目；使用外国政府及其机构贷款、援助资金的项目。

（2）必须招标的基础设施和公用事业项目范围规定

2018 年 6 月 6 日，国家发展改革委发布了关于印发《必须招标的基础设施和公用事业项目范围规定》的通知（发改法规规〔2018〕843 号），规定不满足上面①和②的大型基础设施、公用事业等关系社会公共利益、公众安全的项目，必须招标的具体范围包括以下几点。

① 煤炭、石油、天然气、电力、新能源等能源基础设施项目。

② 铁路、公路、管道、水运，以及公共航空和 A1 级通用机场等交通运输基础设施项目。

③ 电信枢纽、通信信息网络等通信基础设施项目。

④ 防洪、灌溉、排涝、引（供）水等水利基础设施项目。

⑤ 城市轨道交通等城建项目。

（3）建设项目必须进行招标的规模标准

必须招标的工程项目规定范围内的项目，其勘察、设计、施工、监理以及与工程建设有关的重要设备、材料等的采购达到下列标准之一的，必须招标。

① 施工单项合同估算价在 400 万元人民币以上。

② 重要设备、材料等货物的采购，单项合同估算价在 200 万元人民币以上。

③ 勘察、设计、监理等服务的采购，单项合同估算价在 100 万元人民币以上。

同一项目中可以合并进行的勘察、设计、施工、监理以及与工程建设有关的重要设备、材料等的采购，合同估算价合计达到前款规定标准的，必须招标。

（4）可以不进行招标的工程施工项目

按《工程建设项目施工招标投标办法》（七部委第 30 号令）第十二条规定，依法必须进行施工招标的工程建设项目，有下列情形之一的，可以不进行施工招标。

① 涉及国家安全、国家秘密、抢险救灾或者属于利用扶贫资金实行以工代赈需要使用农民工等特殊情况，不适宜招标的。

② 施工主要技术采用不可替代的专利或者专有技术。

③ 已通过招标方式选定的特许经营项目投资人依法能够自行建设。

④ 采购人能够自行建设。

⑤ 在建工程追加的附属小型工程或者主体加层工程，原中标人仍具备承包能力并且其他人承担将影响施工或者功能配套要求。

⑥ 法律、行政法规规定的其他情形。

1.1.6　招标投标制度的产生及发展历程

（1）招标投标制度的产生

招标投标制度真正形成于 18 世纪末和 19 世纪初的西方资本主义国家，随着政府采购制度的产生而产生。在市场经济后期，随着社会工业化生产的深入，政府采购逐渐出现，采购范围和数量也在不断加大。由于政府采购使用的是纳税人的钱，不是采购人自己掏腰包，因此经常出现浪费现象，更为严重的是，采购过程中的贪污腐败现象也时有发生。腐败现象的产生必然会引起政府的注意并对其进行限制，从而产生了政府采购制度。

因为政府采购的规模往往比较大，需要比普通交易更为规范和严密的方式，同时需要给供应商提供平等的竞争机会，也需要对其进行监督，招标投标制度应运而生。招标人也只有在这些较大规模的投资项目或大宗货品交易中，才会感到采用招标投标方式能节省成本。因此，法治国家一般都要求通过招标投标的方式进行政府采购，在政府采购制度中也往往规定了招标投标的程序。

（2）招标投标制度在国外的发展

1782 年，英国政府首先设立文具公用局，负责采购政府各部门所需的办公用品。该局在设立之初就规定了招标投标的程序，文具公用局后来发展为物资供应部，负责采购政府各部门的所需物资。1803 年，英国政府公布法令，推行招标承包制。英国从设立文具公用局到公布招标投标法令，历经了 21 年。后来，其他国家纷纷效仿，并在政府机构和私人企业购买批量较大的货物以及兴办较大的工程项目时，常采用招标投标方法。

美国联邦政府民用部门的招标投标采购历史可以追溯到 1792 年，当时有关政府采购的第一部法律将为联邦政府采购供应品的责任赋予美国首任财政部长亚历山大·汉密尔顿。1861 年，美国又出台了一项联邦法案，规定超过一定金额的联邦政府采购都必须采取公开招标的方式，并要求每一项采购至少要有 3 个投标人。1868 年，美国国会通过立法确立公开开标和公开授予合同的程序。

经过两个世纪的实践，作为一种交易方式，招标投标已经得到广泛应用并日趋成熟，影响力也在不断扩大。随着招标投标制度的逐步规范化和法制化，招标投标被大量应用在建筑工程中，逐步发展成为工程承包的一种最常用的方式。当工程项目主办国需要吸引外国承包者前来参加竞争时，国内招标投标就扩展为国际范围的招标投标。

为了适应不同类型、不同合同的国际工程招标投标活动的需求，国际上一些著名的行业学会，如国际咨询工程师联合会（FIDIC）、英国土木工程师学会（ICE）、美国建筑师学会（AIA）等都编制了多种版本的合同条件，如《FIDIC土木工程施工合同条件》《ICE 合同条件》和《AIA 系列合同条件》等，这些合同条件被世界上许多国家和地区广泛应用。此外，联合国有关机构和一些国际组织对于应用招标投标方式进行采购也作出了明确规定，如联合国贸易法委员会的《关于货物、工程和服务采购示范法》、世界贸易组织（WTO）的《政府采购协议》、世界银行的《国际复兴开发银行贷款和国际开发协会信贷采购指南》等。

最近二三十年来，发展中国家也日益重视并采用招标投标方式进行工程、服务和货物的采购。许多国家相继制定和颁布了有关招标投标的法律、法规，如埃及的《公共招标法》、科威特的《公共招标法》等。

（3）招标投标制度在我国的发展

清朝末期，我国已经有了关于招标投标活动的文字记载。1902 年，张之洞创办湖北制革厂，当时共有 5 家营造商参加开价比价，结果张同升以 1270.1 两白银的开价中标，并签订了以质量保证、施工工期、付款办法为主要内容的承包合同。这是目前可查的我国最早的招标投标活动。民国时期，1918 年，汉口《新闻报》刊登了汉阳铁厂的两项扩建工程的招标公告。1929 年，武汉市采办委员会曾公布招标规则，规定公有建筑或一次采购物料在 3000 元以上者，均须通过招标决定承办厂商。这些都是我国招标投标活动的雏形，也是对招标投标制度的最初探索。

新中国建立后曾继续保留一段时间招标投标制度，以后就完全取消了。1980

年开始，上海、广东、福建、吉林等省市又开始试行工程招标投标。1984 年国务院决定改革单纯用行政手段分配建设任务的老办法，实行招标投标制，并制定和颁布了相应法规，随后便在全国进一步推广。随着经济体制改革，招标投标已逐步成为我国工程、货物和服务采购的主要方式。

在 20 世纪 80 年代初，我国开始利用借贷外资修建工程，提供贷款方主要有世界银行、亚洲开发银行和一些外国政府。这些贷款项目大多要实行国际公开招标投标，采用国际通用合同条件。一些国外大承包商进入我国并通过投标承揽工程，我国首先在世界银行对华贷款项目云南鲁布格水电站引水系统工程进行了招标投标。我国当时已有建设大型水电项目的经验，许多中国人原以为中国投标者中标是不会出什么问题的。可是由于中方企业缺乏投标经验，日本大成公司以仅相当于标底 57% 的低报价（8463 万元人民币）、施工方案合理以及确保工期等优势一举夺标。这使不少人大失所望，有少数人甚至以肥水不流外人田为由否定招标的好处。为了使人们正确认识招标这一新生事物，报纸上展开了一场对布鲁格水电站招标的辩论。不管辩论的结果如何，事实胜于雄辩。日本公司在该项目的管理上采用了先进而严格的科学方法，既保证了合同的执行进度，也保证了项目的质量，创造了国际一流的隧道掘进速度，提前 100 多天竣工。受到此次国际招标投标的冲击后，我国从 1992 年通过试点后大力推行招标投标制。

我国为了推行和规范招标投标活动，先后颁布多项相关法规。1999 年 8 月 30 日第九届全国人民代表大会常务委员会第十一次会议通过《中华人民共和国招标投标法》（2000 年 1 月 1 日起施行），并于 2017 年 12 月 27 日第十二届全国人民代表大会常务委员会第三十一次会议重新修订。2002 年 6 月 29 日第九届全国人民代表大会常务委员会第二十八次会议通过《中华人民共和国政府采购法》（2003 年 1 月 1 日起施行）。2014 年 12 月 31 日国务院第 75 次常务会议通过《中华人民共和国政府采购法实施条例》（2015 年 3 月 1 日起施行），确定招标投标方式为政府采购的主要方式。之后招标投标的系列地方法规和行政规章相继出台。2011 年 11 月 30 日国务院第 183 次常务会议通过《中华人民共和国招标投标法实施条例》（国务院令第 613 号），根据 2017 年 3 月 1 日国务院令第 676 号《国务院关于修改和废止部分行政法规的决定》第一次修订；依据 2018 年 3 月 19 日《国务院关于修改和废止部分行政法规的决定》（国务院令第 698 号）第二次修订；依据 2019 年 3 月 2 日《国务院关于修改部分行政法规的决定》（国务院令第 709 号）第三次修订。在我国较为完善的招标投标法律、法规体系已逐步建立，这标志着我国招标投标活动从此走上法制化的轨道，我国招标投标制进入了全面实施的新阶段。

1.2 施工项目招标投标的原则、分类及特点

1.2.1 施工项目招标投标的基本原则

（1）合法原则

合法原则是指施工项目招标投标主体的一切活动，必须符合法律、法规、规章和有关政策的规定，包括以下几个方面。

① 主体资格要合法。招标人必须具备一定的条件才能自行组织招标，否则只能委托具有相应资格的招标代理机构组织招标；投标人必须具有与其投标的工程相适应的资格等级，并经招标人资格审查，报建设工程招标投标管理机构进行资格复查。

② 活动依据要合法。招标投标活动应按照相关的法律、法规、规章和政策性文件开展。

③ 活动程序要合法。施工项目招标投标活动的程序，必须严格按照有关法规规定的要求进行。当事人不能随意增加或减少招标投标过程中某些法定步骤或环节，更不能颠倒次序、超过时限、任意变通。

④ 对招标投标活动的管理和监督要合法。施工项目招标投标管理机构必须依法监管、依法办事，不能越权干预招（投）标人的正常行为或对招（投）标人的行为进行包办代替，也不能懈怠职责、玩忽职守。

（2）公开、公平、公正、诚实信用原则

① 公开原则。是指建设工程招标投标活动应具有较高的透明度。包括建设工程招标投标的信息公开、建设工程招标投标的条件公开、建设工程招标投标的程序公开以及建设工程招标投标的结果公开。

② 公平原则。是指所有投标人在建设工程招标投标活动中，享有均等的机会，具有同等的权利，履行相应的义务，任何一方都不应受歧视。

③ 公正原则。是指在建设工程招标投标活动中，按照同一标准实事求是地对待所有的投标人，不偏袒任何一方。

④ 诚实信用原则。是指在建设工程招标投标活动中，招（投）标人应当以诚相待，讲求信义，实事求是，做到言行一致，遵守诺言，履行成约，不得见利忘义，投机取巧，弄虚作假，隐瞒欺诈，损害国家、集体和其他人的合法权益。诚实信用原则是市场经济的基本前提，是建设工程招标投标活动中的重要道德规范。

1.2.2　施工项目招标投标的分类

目前，国内外市场上使用的施工项目招标方式有很多，主要有以下几种。

1.2.2.1　按竞争程度划分

按竞争程度，施工项目招标投标主要划分为公开招标和邀请招标。

（1）公开招标

公开招标又称竞争性招标，是指由招标人在报刊、电子网络或其他媒体上刊登招标公告吸引众多潜在投标人参加投标竞争，招标人从中择优选择中标人的招标方式。

这种招标方式的优点是：业主可以在较广的范围内选择承包单位，投标竞争激烈，择优率更高，有利于业主将工程项目的建设任务交予可靠的承包商实施，并获得有竞争性的商业报价，同时也可以在较大程度上避免招标活动中的贿标行为。因此，国际上政府采购通常采用这种方式。

这种招标方式的缺点是：准备招标、对投标申请单位进行资格预审和评标的工作量大，招标时间长、费用高。同时，参加竞争的投标者越多，每个参加者中标的机会越小，风险越大，损失的费用越多，而这种费用的损失必然反映在标价上，最终会由招标人承担。此外，公开招标存在完全以书面材料决定中标人的缺陷，有时书面材料并不能完全反映出投标人真实的水平和情况。因此，这种方式在一些国家较少被采用。

（2）邀请招标

邀请招标又称有限竞争性招标或选择性招标，是由招标人选择一定数目的承包商，向其发出投标邀请书，邀请他们参加投标竞争。

邀请招标的优点主要表现在：邀请招标所需的时间较短，且招标费用较省，被邀请的投标人都是经招标人事先选定，具备招标工程投标资格的承包企业，且被邀请的投标人数量有限，可相应减少评标阶段的工作量及费用开支。采用邀请招标，投标人不易串通抬价。因为邀请招标不公开进行，参与投标的承包企业不清楚其他被邀请人，所以在一定程度上能避免投标人之间进行接触。

邀请招标方式与公开招标方式比较，也存在明显不足，主要是不利于招标人获得最优报价，取得最佳投资效益。因为业主选择投标人时，业主很难对市场上所有承包商的情况了如指掌，不可避免地存在一定局限性，常会漏掉一些在技术上、报价上都更具竞争力的承包企业。加上邀请招标的投标人数量既定，竞争有限，可供业主比较、选择的范围相对狭小，也就不易使业主获得最合理的报价。

《中华人民共和国招标投标法实施条例》（以下简称《招标投标法实施条

例》）中规定，有下列情形之一的，可以采取邀请招标：技术复杂、有特殊要求或者受自然环境限制，只有少量潜在投标人可供选择；采用公开招标方式的费用占项目合同金额的比例过大。

（3）公开招标与邀请招标的区别

① 招标信息的发布方式。公开招标是利用招标公告发布招标信息，而邀请招标是采用向三家以上具备实施能力的投标人发出投标邀请书，请他们参与投标竞争。

② 对投标人的资格审查时间。进行公开招标时，由于投标响应者较多，为了保证投标人具备相应的实施能力，以及缩短评标时间，突出投标的竞争性，通常设置资格预审程序。而邀请招标由于竞争范围较小，且招标人对邀请对象的能力有所了解，不需要再进行资格预审，但评标阶段还要对各投标人资格和能力进行审查和比较，通常称为资格后审。

③适用条件。公开招标方式广泛适用。在公开招标估计响应者少，达不到预期目的的情况下，可以采用邀请招标方式委托建设任务。

1.2.2.2　按招标方法和手段划分

《招标投标法实施条例》规定了两阶段招标、电子招标等招标方法和招标手段。

（1）两阶段招标

对于一些技术复杂或者无法精确拟定技术规格的施工项目招标，可以分为两个阶段进行。两阶段招标一般要求投标人先投技术标，技术标合格者，再投商务标。两阶段招标一般适用于技术复杂且要求较高的建设项目。在两阶段招标中，到第二阶段投标人投送了商务标后，投标才具有法律约束力。

在一般情况下，项目整体进行招标。对于大型的项目，整体招标符合条件的大型企业较少，采用整体招标将会降低标价的竞争性，因此，将项目划分成若干个标段进行招标。标段的划分不能太小，太小的标段对实力雄厚的潜在投标人没有吸引力。建设工程项目的施工招标，一般可以将一个项目分解为单位工程及特殊专业工程分别招标，但不允许将单位工程肢解为分部、分项工程进行招标。在划分标段时主要考虑以下几点。

① 招标项目的专业性要求。相同、相近的项目可作为整体招标，否则采取分别招标，如建设工程项目中的土建和设备安装应当分别招标。

② 招标项目的管理要求。项目各部分彼此联系性小，可以分别招标；反之，各部分互相影响可将项目整体发包。

③ 标段划分与工程投资项目影响。这种影响由多种因素造成，从资金占用的角度考虑，作为一个整体招标，承包商资金占用额度大，反之亦然；从管理费

的角度考虑，分段招标的管理费一般比整体直接发包的管理费高。

④ 工程各项工作时间和空间的衔接，避免产生平面或者立面交接工作责任的不清，如果建设项目的各项工作的衔接、交叉和配合少，责任清楚，则可考虑分别发包。

（2）电子招标

电子招标是指招标投标主体按照国家有关法律、法规的规定，以数据电文为主要载体，运用电子化手段完成的全部或部分招标投标活动。电子招标系统是指用于完成招标的信息系统，由公共服务平台和项目交易平台组成。公共服务平台由国家、省、市三级组成，由政府主导建设运营，供招标投标主体、社会公众和行政监督部门交互、共享和监督，包括项目招标公告、中标结果公示、企业与个人主体身份以及资格业绩、信誉、法律政策、市场统计分析等招标投标信息。项目交易平台由市场主体按照市场化、专业化的要求自主建设运营，供招标投标主体利用电子信息手段完成项目招标投标交易全过程，并与公共服务平台交互数据电文。

电子招标投标与纸质招标投标相比，具有"高效、低碳、节约、透明"的特点，特别有利于建立招标投标市场信息一体化共享体系，突破传统招标投标实施和管理封闭分割的缺陷，转变和完善招标投标行政监督方式，真正实现"公开、公平、公正"的价值目标，有效发挥社会监督和主体自律作用，建立健全招标投标信用体系，规范招标投标秩序，预防和惩治腐败交易行为。施工项目的招投标由于标的额比较大，在很多城市是最早实施电子标的项目。

1.2.3　施工项目招标投标的特点

建设工程施工是指把设计图纸变成预期的建筑产品的活动。由于建筑产品具有体积庞大、复杂多样、整体难分、不易移动等特点，施工招标投标是目前我国建设工程招标投标中开展得比较早、比较多、比较好的一类，其程序和相关制度具有代表性、典型性。甚至可以说，建设工程其他类型的招标投标制度都是承袭施工招标投标制度而来的。具体表现在以下几个方面。

① 在招标条件上，比较强调建设资金的充分到位。

② 在招标方式上，强调公开招标、邀请招标，议标方式受到严格限制甚至被禁止。

③ 在投标、评标和定标中，要综合考虑价格、工期、技术、质量、安全、信誉等因素，价格因素所占分量比较突出，可以说是关键一环，常常起决定性作用。

1.3 BIM 概述

1.3.1 BIM 的概念

BIM 是建筑信息模型的简称，是建筑与房地产行业的一项最新技术，由 Autodesk（欧特克）公司在 2002 年率先提出，已在全球范围内得到业界的广泛认可。BIM 的核心是通过建立虚拟的建筑工程三维模型，利用数字化技术，为模型提供完整的、与实际情况一致的建筑工程信息库。从建筑的规划、设计、施工、运维直至建筑全寿命周期的终结，各种信息被整合于一个三维模型信息数据库中，信息集成化程度高，有效提高工作效率、降低建造成本、提高建筑质量，以实现可持续发展。

1975 年，佐治亚理工大学 Chuck Eastman 教授在美国建筑师协会（AIA）发表的论文中提出了一种名为建筑描述系统（building description system，BDS）的工作模式，该模式中包含了参数化设计、由三维模型生成二维图纸、可视化交互式数据分析、施工组织计划与材料计划等功能。各国学者围绕 BDS 概念进行了研究，后来该系统在美国被称为建筑产品模型（building product models，BPM），在欧洲被称为产品信息模型（product information models，PIM）。经过多年的研究与发展，学术界整合 BPM 与 PIM 的研究成果，提出建筑信息模型的概念。1986 年由现属于 Autodesk（欧特克）研究院的 Robert Aish 最终将其定义为建筑模型（building modeling），并沿用至今。

2002 年，时任 Autodesk 公司副总裁的菲利普伯恩斯坦（Philip G. Bernstein）首次将 BIM 概念商业化随 Autodesk Revit 产品一并推广。与 CAD 技术相比，基于 BIM 技术的软件已将设计提升至所见即所得的模式。

我国建筑信息模型（BIM）标准的制定是从 2012 年初开始的，提出了分专业、分阶段和分项目的 P-BIM 概念，将 BIM 标准的制定分为三个层次，并由标准承担单位中国建筑科学研究院牵头成立了中国 BIM 发展联盟，旨在全面推广 BIM 技术在中国的应用。为了推动中国建筑业信息化的发展，住房和城乡建设部在《2016—2020 年建筑业信息化发展纲要》中明确提出，在"十三五"期间基本实现建筑企业信息系统的普及应用，加快 BIM 等新技术在工程中的应用。

全球建筑行业对 BIM 的含义有很多种说法，其中 McGraw-Hill 对于 BIM 的说法较为简洁：BIM 是利用计算机建立数字模型帮助建筑设计、建造施工、维护运营的过程。

美国国家 BIM 标准（NBIMS）对 BIM 的定义有以下 3 个层次。

① BIM 是一个设施（建设项目）物理和功能特性的数字表达。

② BIM 是一个共享的知识资源，是一个分享有关这个设施的信息，为该设施从概念到拆除的全生命周期中的所有决策提供可靠依据的过程。

③ 在项目不同阶段，不同利益相关方通过在 BIM 中插入、提取、更新和修改信息，以支持和反映其各自职责的协同作业。

美国国家 BIM 标准由此提出 BIM 和 BIM 交互的需求都应该基于以下几点。

① 一个共享的数字表达。

② 包含的信息具有协调性、一致性和可计算性，是可以由计算机自动处理的结构化信息。

③ 基于开放标准的信息互用。

④ 能以合同语言定义信息互用的需求。

在实际应用的层面，从不同的角度，对 BIM 有以下不同的解读。

① 应用到一个项目中，BIM 代表着信息的管理，信息被项目所有参与方提供和共享，确保正确的人在正确的时间得到正确的信息。

② 对于项目参与方，BIM 代表着一种项目交付的协同过程，定义各个团队如何工作，多少团队需要一起工作，如何共同去设计、建造和运营项目。

③ 对于设计方，BIM 代表着集成化设计、鼓励创新，优化技术方案，提供更多的反馈，提高团队水平。

美国 buildingSMART 联盟主席 Dana K. Smith 在其 BIM 专著中提出了一种对 BIM 的通俗解释，他将"数据-信息-知识-智慧"放在一个链条上，认为 BIM 本质上就是这样一个机制：把数据转化成信息，从而获得知识，让它们智慧地行动。理解这个链条是理解 BIM 价值以及有效使用建筑信息的基础。在 BIM 的动态发展链条上，业务需求（不管是主动的需求还是被动的需求）引发 BIM 应用，BIM 应用需要 BIM 工具和 BIM 标准，业务人员使用 BIM 工具和标准生产 BIM 模型及信息，BIM 模型和信息支持业务需求的高效优质实现。

2016 年，我国国家标准《建筑信息模型应用统一标准》（GB/T 51212—2016）颁布，对 BIM 的定义如下：建筑信息模型（BIM）是指在建设工程及设施全生命期内，对其物理和功能特性进行数字化表达，并依此设计、施工、运营的过程和结果的总称。在实际行业应用中，BIM 可以指 "building information model" "building information modeling" 和 "building information management" 三个相互独立又彼此关联的概念。building information model 是建设工程（如建筑、桥梁、道路）及其设施的物理和功能特性的数字化表达，可以作为该工程项目相关信息的共享知识资源，为项目全生命周期内的各种决策提供可靠的信息支持。building information modeling 是创建和利用工程项目数据在其全生命周期内进行设计、施工和运营的业务过程，允许所有项目相关方通过不同技术平台之间的数据互用在同一时间利用相同的信息。building information management 是使用模型内的信息支持工程项目全生命周期信息共享的业务流程的组织和控制，其效益包括集中和可视化沟通、更早进行多方案比较、可持续性分析、高效设计、多专业集成、施工现场控制、竣工资料记录等。

各级 BIM 的应用机理可以将现行应用的 BIM 分为两类（图 1-1）。一种是围绕建筑信息模型存储和调用，力求信息的完整与时效的"平台型"BIM 运行架构；另一种是 BIM 不再将建筑信息模型作为项目的核心，仅作为基础数据，更多强调有效信息的检索和调取的"累计型"BIM 运行架构。

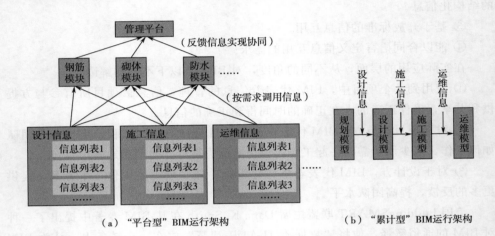

（a）"平台型"BIM运行架构　　　　（b）"累计型"BIM运行架构

图 1-1　两种 BIM 运行的基本架构

二者之间的本质区别在于对信息传递形式的管理。形象地说，前者像滚雪球，随着项目的不断深入，信息量不断加大，然后汇聚在信息模型中，前一阶段交付后一阶段使用时提供一个当前阶段最完整的信息模型；后者在信息传递时则是将前一阶段的信息放置在"书架"上，在使用信息时再从"书架"上调取，信息数据仅"存放"于模型中，但不被调用，减轻运行负担，从而降低每个终端的设备要求。

1.3.2　BIM 技术的特点和应用价值

1.3.2.1　BIM 技术的特点

（1）可视化

可视化即将建筑和构件以三维方式呈现出来，是一种"所见即所得"的形式。可视化的真正运用在建筑和房地产行业的作用很大，例如经常拿到的施工图纸，只是各个构件的信息在图纸上采用线条绘制表达，但是其真正的构造形式就需要建筑业从业人员自行想象。BIM 提供了可视化的思路，让以往线条式的构件形成一种三维的立体实物图形。建筑业也有设计方面的效果图，但这种效果图不含有除构件的大小、位置和颜色以外的其他信息，缺少不同构件之间的互动性和反馈性，而 BIM 提到的可视化是一种能够同构件之间形成互动性和反馈性的可视化，由于整个过程都是可视化的，可视化的结果不仅可以用效果图展示及报表生成，项目设计、建造、运营过程中的沟通、讨论、决策都在可视化的状态下进行。图 1-2 为某大厦项目的 BIM 展示图，图 1-3 为某别墅项目 BIM 展示图。

图 1-2　某大厦项目的 BIM 展示

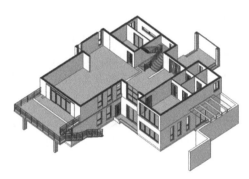

图 1-3　某别墅项目 BIM 展示

（2）协调性

协调是建筑业中的重点内容。不管是房地产商、设计单位、施工单位还是供应商，都在做着协调及相配合的工作，一旦项目的实施过程中遇到了问题，就要将各有关人士组织起来开协调会，找各个施工问题发生的原因及解决办法，然后作出变更，作出相应补救措施等来解决问题。在设计时，往往由于各专业设计师之间的沟通不到位，出现专业之间的碰撞问题，例如暖通等专业中的管道在进行布置时，由于施工图纸是各自绘制在各自的施工图纸上的，在真正施工过程中，可能在布置管线时正好在此处有结构设计的梁等构件在此阻碍管线的布置，像这样的碰撞问题的协调解决就只能在问题出现之后再进行解决。BIM 的协调性服务就可以帮助处理这种问题，也就是说 BIM 建筑信息模型可在建筑物建造前期对各专业的碰撞问题进行协调，生成协调数据，并提供出来。BIM 的协调作用并不是只能解决各专业间的碰撞问题，还可以做好以下的协调工作。

①　地下排水布置与其他设计布置的协调；

②　不同类型车辆停车场的行驶路径与其他设计布置及净空要求的协调；

③　楼梯布置与其他设计布置及净空要求的协调；

④　市政工程布置与其他设计布置及净空要求的协调；

⑤　公共设备布置与私人空间的协调；

⑥　设备房机电设备布置与维护及更换安装的协调；

⑦　电梯井布置与其他设计布置及净空要求的协调；

⑧　防火分区与其他设计布置的协调；

⑨　排烟管道布置与其他设计布置及净空要求的协调；

⑩　房间门与其他设计布置及净空要求的协调；

⑪　主要设备及机电管道布置与其他设计布置及净空要求的协调；

⑫　预制件布置与其他设计布置的协调；

⑬　玻璃幕墙布置与其他设计布置的协调；

⑭　住宅空调管及排水管布置与其他设计布置及净空要求的协调；

⑮　排烟口布置与其他设计布置及净空要求的协调；

⑯　建筑、结构、设备平面图布置及楼层高度的检查及协调。

（3）模拟性

模拟性并不是只能模拟设计出的建筑物模型，还可以模拟不能够在真实世界中进行操作的事物。在设计阶段，BIM 可以对设计上需要进行模拟的一些东西进行模拟实验。例如：节能模拟、紧急疏散模拟、日照模拟、热能传导模拟等。在招投标和施工阶段可以进行 4D 模拟（三维模型加项目的发展时间），也就是根据施工的组织设计模拟实际施工，从而确定合理的施工方案来指导施工。还可以进行 5D 模拟（基于 4D 模型加造价控制），从而实现成本控制。后期运营阶段可以模拟日常紧急情况的处理方式，例如地震人员逃生模拟及消防人员疏散模拟等。图 1-4 为某建筑场地布置模拟。

图 1-4　某建筑场地布置模拟

（4）优化性

整个设计、施工、运营的过程是一个不断优化的过程，尽管优化和 BIM 也不存在实质性的必然联系，但在 BIM 的基础上可以做更好的优化。优化受信息、复杂程度和时间这三种因素的制约。没有准确的信息，做不出合理的优化结果，BIM 模型提供了建筑物的实际存在的信息，包括几何信息、物理信息、规则信息，还提供了建筑物变化以后的实际存在信息。复杂程度较高时，参与人员本身的能力无法掌握所有的信息，必须借助一定的科学技术和设备的帮助。现代建筑物的复杂程度大多超过参与人员本身的能力极限，BIM 及与其配套的各种优化工具提供了对复杂项目进行优化的可能。图 1-5 为某项目管线优化后的管道布置方案。

图 1-5 某项目管线优化后管道布置方案

（5）可出图性

BIM 模型不仅能绘制常规的建筑设计图纸及构件加工的图纸，还能通过对建筑物进行可视化展示、协调、模拟、优化，并出具各专业图纸及深化设计图纸，使工程表达更加详细。

① 碰撞报告。通过将建筑、结构、电气、给水排水、暖通等专业的 BIM 模型整合后，进行管线碰撞检测，可以得出综合管线图、综合结构预留洞图、碰撞检查报告和建议改进方案。

② 构件加工图。通过 BIM 模型对建筑构件的信息化表达，可在 BIM 模型上直接生成构件加工图，不仅能清楚地传达传统图纸的二维关系，而且对于复杂的空间剖面关系也可以清楚表达，同时还能够将离散的二维图纸信息集中到一个模型当中，这样的模型能够更加紧密地实现与预制工厂的协同和对接。

（6）信息完备性

信息的完备性体现在 BIM 把项目设施的前期策划、设计、施工、运营维护各个阶段都连接起来，把各个阶段产生的信息都储存在 BIM 模型中。它包含了设施的全部信息，如：结构类型、对象的名称、建筑材料、工程性能设计等信息；施工进度，施工成本，施工质量和人、材、机等施工信息；工程安全性能、材料耐久性能等维护信息；对象之间的工程逻辑关系等。

（7）信息关联性

信息模型中的对象是可识别且相互关联的，系统能够对模型的信息进行统计和分析，并生成相应的图形和文档。如果模型中的某个对象发生变化，与之关联的所有对象都会随之更新，以保持模型的完整性。

（8）信息一致性

在建筑生命期的不同阶段模型信息是一致的，同一信息无需重复输入，而且信息模型能够自动演化，模型对象在不同阶段可以简单地进行修改和扩展而不需要重新创建，避免了信息不一致。

BIM 的特点构成如图 1-6 所示。

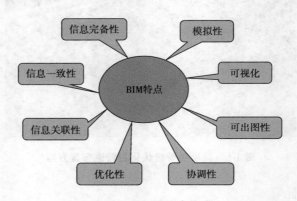

图 1-6　BIM 的特点构成

1.3.2.2　BIM 的应用价值

（1）有助于沟通与协作

数字 BIM 模型允许共享、协作和版本控制，借助诸如 Autodesk 的 BIM 360 等云端工具，BIM 协作可以无缝地跨越项目内的所有部门，允许团队共享项目模型并协调规划。借助云端工具，项目团队可以在现场和移动设备上查看图纸和模型，可以实时访问最新的项目信息。

（2）有助于项目成本估算

在规划设计阶段，BIM 技术的应用对准确的成本估算及控制至关重要，而施工过程中 BIM 的应用，有效的碰撞检查和三维立体图形的展示，尤其是 BIM 5D 的快速发展，将使难以估算及控制的成本变得可控，工期进度管理与成本估算加入 BIM 的 3D 建模中，使建筑项目管理提升到了一个新的阶段。

（3）有助于项目可视化

使用 BIM 工具，设计人员可以在施工前期，通过可视化方式预览整个项目。利用模拟和 3D 可视化，允许客户体验建筑空间设计，以便在施工前进行修改。这种施工前的预检查和预体验可以最大限度地减少后期费时费力的项目变更。项目可视化展示示意图如图 1-7 所示。

图 1-7　项目可视化展示示意

（4）有助于减少碰撞冲突

BIM 可以让建筑公司更好地协调各分包商，在施工开始前检测任何 MEP（暖通、电气和给排水）、内部或外部冲突。使用 BIM 软件，可以在现场施工之前进行规划，预防出现管线碰撞，减少特定工作所需的返工量。基于 BIM 的碰撞冲突检测示意图如图 1-8 所示。

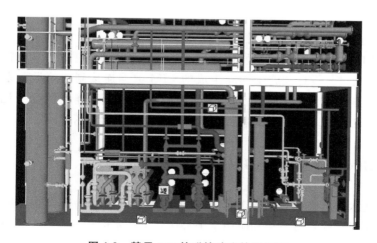

图 1-8　基于 BIM 的碰撞冲突检测示意

（5）有助于降低成本和风险

房地产商与承包商的密切合作可以降低投标风险，降低保险成本，减少整体变化，降低索赔概率。在施工之前，对项目进行详细的可视化可以实现更多的构件预制，并减少未使用材料的浪费，也可减少在文档工作和错误沟通上的劳动成本。此外，BIM 软件中的实时协作降低了公司使用过时信息的风险，从而确保在正确的时间提供正确的信息。

（6）有助于优化调度

通过 BIM 的应用，施工方可以更精确地制定计划和调度优化，这有助于项目能按时或提前完成。BIM 允许同时完成设计和文档相关工作，可以轻松更改文档，以随时适应如施工现场的环境变化等新的变化。

（7）有助于提高预制能力

BIM 数据可以立即生成用于制造目的的生产图纸或数据库，从而允许更多地使用预制和模块化构造技术，通过在受控环境中进行设计、优化和异地建造，可减少浪费，提高效率。

（8）有助于提高建筑工地的安全性

BIM 有助于提高建筑的安全性，发现潜在的危险所在，并通过可视化和现场规划及管理手段来避免物理伤害。同时，视觉风险分析和安全评估有助于确保项目施工过程中工人的人身安全及防护措施的采用。

（9）有助于提升建筑质量

模型可靠性的提高，可以直接提升建筑质量。通过共享的 BIM 工具，具有丰富经验的团队成员可以与项目所有阶段的建设者一起工作，从而更好地控制围绕设计执行的技术决策。建筑项目的最佳方式是在项目初期进行测试和选择，并在开工之前发现建筑结构的缺陷，在施工过程中，利用现实捕捉技术来提高精度。

（10）有助于设施管理和项目移交

通过 BIM，所有数据可以发送到现有的建筑物维护软件中，以供后续使用。承包商可以通过将设计和施工期间生成的 BIM 数据连接到建筑运营系统中，完成建筑物的移交工作。BIM 能够提供准确的建筑信息和连续的数字记录，BIM 模型中的信息还可以在施工结束后赋予建筑物的数字化运营管理。

1.3.3 BIM 技术在国外的应用情况

BIM 技术是从美国发展起来，逐渐推广到欧洲、日韩等发达国家的。目前 BIM 在这些国家的发展态势和应用水平都达到了一定的程度，其中又以美国的应用最为广泛和深入。

（1）美国

在美国，关于 BIM 的研究和应用起步较早。发展到现在，BIM 的应用已初具规模，各大设计事务所、施工企业和业主纷纷主动在项目中应用 BIM 技术，政府和行业协会也出台了各种 BIM 标准。有统计数据表明，2012 年，美国工程建设行业采用 BIM 的比例从 2007 年的 28％增长至 71％，其中 74％的承包商已经在实施 BIM 了，超过了建筑师 70％及机电工程师 67％的应用比例。

2003 年，为了提高建筑领域的生产效率、提升建筑业信息化水平，美国联邦总务署（General Service Administration，GSA）下属的公共建筑服务部门的首席设计师办公室（Office of the Chief Architect，OCA）推出了全国 3D-4D-BIM 计划。3D-4D-BIM 计划的目标是为所有对 3D-4D-BIM 技术感兴趣的项目团队提供"一站式"服务，虽然每个项目的功能、特点各异，OCA 将帮助每个项目团队提供独特的战略建议与技术支持。GSA 认识到 3D 的几何表达只是 BIM 的一部分，而且不是所有的 3D 模型都能称为 BIM 模型。但 3D 模型在设计概念的沟通方面已经比 2D 绘图要强很多。即使项目中不能实施 BIM，至少可以采用 3D 建模技术。4D 在 3D 的基础上增加了时间维度，这对于施工工序与进度十分有用。因此，GSA 对于下属的建设项目有着更务实的认识，承认委托的所有公司并不都是 BIM 专家，但至少使用了比 2D 绘图技术更先进的 3D、4D 技术，这已经是很大的进步了。

GSA 要求从 2007 年起，所有大型项目（招标级别）都需要应用 BIM，最低要求是空间规划验证和最终概念展示都需要提交 BIM 模型。所有 GSA 的项目都被鼓励采用 3D-4D-BIM 技术，并且根据采用这些技术的项目承包商应用程序的不同，给予不同程度的资金支持。目前 GSA 正在探讨在项目生命周期中应用 BIM 技术，包括：空间规划验证、4D 模拟、激光扫描、能耗和可持续发展模拟、安全验证等，并陆续发布各领域的系列 BIM 指南，并在官网提供下载，对于规范和 BIM 在实际项目中的应用起到了重要作用。

美国陆军工程兵团（the U. S. Army Corps of Engineers，USACE）隶属于美国联邦政府和美国军队，为美国军队提供项目管理和施工管理服务。2006 年 10 月，USACE 发布了为期 15 年的 BIM 发展路线规划，为 USACE 采用和实施 BIM 技术制定了战略规划，以此来提升规划、设计和施工质量、效率。在规划中，USACE 承诺未来所有军事建筑项目都将使用 BIM 技术。在发展路线规划的附录中，USACE 还发布了 BIM 实施计划，主要是从 BIM 团队建设、BIM 关键成员的角色与培训、标准与数据等方面为 BIM 的实施提供指导。2010 年，US-ACE 又发布了分别基于 Autodesk 平台和 Benlle 平台的适用于军事建筑项目的 BIM 实施计划，并在 2011 年进行了更新。适用于民用建筑项目的 BIM 实施计划也已经发布。

联盟 buildingSMART（buildingSMART alliance，bSa）是美国建筑科学研究院在信息资源和技术领域的一个专业委员会，成立于 2007 年，同时也是 buildingSMART 国际的北美分会。bSa 致力于 BIM 的推广与研究，使项目所有参与者在项目生命周期阶段都能共享准确的项目信息。BIM 通过收集和共享项目信息与数据，可以有效地节约成本、减少限费。

bSa 下属的美国国家 BIM 标准项目委员会（the National Building Information Model Standard Project Committee-United States，NBIMS-US）专门负责美国国家 BIM 标准（NBIMS-National Building Information Model Standard）的研究与制定。2007 年 12 月，NBIMS-US 发布了 NBIMS 第一版的第一部分，主要包括关于信息交换和开发过程等方面的内容，明确了 BIM 过程和工具的各方面定义、相互之间数据交换要求的明细和编码，使不同部门可以开发充分协商一致的 BIM 标准，更好地实现协同。2012 年 5 月，NBIMS-US 发布了 NBIMS 第二版的内容。NBIMS 第二版的编写过程采用了一种开放投稿、民主投票决定标准内容的形式，因此，也被称为是第一份基于共识的 BIM 标准。

（2）英国

与大多数国家建议应用 BIM 不同，英国政府要求强制使用 BIM。2011 年 5 月英国发布了《政府建设战略》文件，其中有一个关于建筑信息模型 BIM 的章节，在这个章节中明确要求，到 2016 年，政府要求全面协同使用 3D-BIM，并将全部的文件进行信息化管理。为了实现这一目标，文件制定了明确的阶段性目标：2011 年 7 月发布 BIM 实施计划；2012 年 4 月，为政府项目设计一套强制性的 BIM 标准；2012 年夏季，BIM 中的设计、施工信息与运营阶段的资产管理信息实现结合；从 2012 年夏季起，分阶段为政府所有项目推行 BIM 计划；至 2012 年 7 月，在多个部门确立试点项目，运用 3D-BIM 技术来协同交付项目。文件也承认由于缺少兼容性的系统、标准和协议，以及客户和主导设计师的要求存在区别，大大限制了 BIM 的应用。因此，政府将重点放在制定标准上，确保 BIM 链上的所有成员能够通过 BIM 实现协同工作。

英国政府要求强制使用 BIM 的文件得到了英国建筑业 BIM 标准委员会的支持。英国建筑业 BIM 标准委员会已于 2009 年 11 月发布了英国建筑业 BIM 标准 [AEC（UK）BIM Standard]，于 2011 年 6 月发布了适用于 Revit 的英国建筑业 BIM 标准 [AEC（UK）BIM Standard for Revit]，于 2011 年 9 月发布了适用于 Bentley 的英国建筑业 BIM 标准 [AEC（UK）BIM Standard for Bentley Product]。目前，标准委员会还在制定适用于 ArchiCAD、VectorWorks 的类似 BIM 标准以及已有标准的更新版本。这些标准的制定都是为英国的建筑企业从 CAD 过渡到 BIM 提供切实可行的方案和程序。特定产品的标准是为了在特定 BIM 产品应用中解释和扩展通用标准中一些概念而制定。标准委员会成员来自于日常使用 BIM 工作的建筑行业专业人员，所以这些服务不只停留在理论上，更能应用于 BIM 的实际实施。

2012 年，针对政府建设战略文件标准委员会发布了《年度回顾与行动计划更新》的报告，报告显示，英国司法部下有四个试点项目在制定 BIM 的实施计划；在 2013 年底前，七个大部门的政府采购项目都有望使用 BIM；BIM 的法律、商务、保险条款制定基本完成。

英国的设计公司在 BIM 实施方面已经相当领先了，因为伦敦是众多全球领先设计企业的总部，在这些背景下，政府发布的强制使用 BIM 的文件可以得到有效执行，因此英国的建筑企业与世界其他地方相比，发展速度也更快。

（3）日本

在日本，BIM 的应用已扩展到全国范围，并上升到政府推进的层面。日本的国土交通省负责全国各级政府投资工程，包括建筑物、道路等的建设、运营和工程造价的管理。国土交通省下设官厅营缮部主要负责组织政府投资工程建设、运营和造价管理等具体工作。

在日本，有"2009 年是日本的 BIM 元年"之说。大量的日本设计公司、施工企业开始应用 BIM，日本国土交通省也在 2010 年 3 月表示，已选择一项政府建设项目作为试点探索 BIM 在设计可视化、信息整合方面的价值以及实施流程。2010 年，日经 BP 社调研了 517 位在设计院、施工企业及相关建筑行业从业人士，了解他们对于 BIM 的认识与应用情况。结果显示，BIM 的知晓度从 2007 年的 30.2% 提升至 2010 年的 76.4%。2008 年的调研显示，采用 BIM 的最主要原因是 BIM 绝佳的展示效果，2010 年人们采用 BIM 主要用于提升工作效率。另外，仅有 7% 的业主要求施工企业应用 BIM，这也表明日本企业应用 BIM 更多是企业的自身选择与需求。日本 33% 的施工企业已经应用了 BIM，在这些企业中近 90% 是在 2009 年之前开始应用的。

日本软件业较为发达，在建筑信息技术方面也拥有较多的本国软件，BIM 需要多个软件来互相配合，而数据集成是基本前提，因此以福井计算机株式会社为主导，多家日本 BIM 软件商成立了日本本国解决方案软件联盟。此外，日本建筑学会于 2012 年 7 月发布了日本 BIM 指南，从 BIM 团队建设、BIM 数据处理、BIM 设计流程、应用 BIM 进行预算、模拟等方面为日本的设计院和施工企业应用 BIM 提供了指导。

（4）韩国

韩国有多个政府机关负责 BIM 应用标准的制定，如韩国国土海洋部、韩国教育部、韩国公共采购服务中心等。其中，韩国公共采购服务中心制定了 BIM 实施指南和路线图。具体路线图为：2010 年将有 1～2 个大型施工项目示范使用 BIM；2011 年将有 3～4 个大型施工项目示范使用 BIM；2012～2015 年 500 亿韩元以上建筑项目全部采用 4D（3D＋cost）的设计管理系统；2016 年实现全部公共设施项目使用 BIM 技术。

韩国国土海洋部分别负责在建筑领域和土木领域制定 BIM 应用指南。其中，《建筑领域 BIM 应用指南》于 2012 年 1 月完成发布。该指南是关于韩国建筑业业主、建筑师、设计师等采用 BIM 技术时必须的要素条件和方法等的详细说明的文书。

韩国 buildingSMART 协会是 2008 年 4 月成立的，该协会是以韩国建设领域 BIM 和尖端建设 IT 研究、普及和应用为目标而成立的，依托于 buildingSMART 总会的韩国分会。其主要推广活动如下。

① 定期举办国内国际论坛宣传推广 BIM 相关技术，例如 2010 年 4 月份在首尔举行的 buildingSMART 国际论坛等。

② 定期举办 BIM 相关技术培训及 BIM 竞赛。buildingSMART 协会制定设计任务书和相关 BIM 数据规范及评估条例。

（5）新加坡

新加坡负责建筑业管理的国家机构是国家发展部下设的建设局（BCA）。在 BIM 这一术语引进之前，新加坡当局就注意到信息技术对建筑业的重要作用。早在 1982 年，BCA 就有了人工智能规划审批的想法，2000～2004 年，发展了 CORENET（construction and real estate network）项目，用于电子规划的自动审批和在线提交。

2011 年，BCA 发布了新加坡 BIM 发展路线规划、规划明确推动整个建筑业在 2015 年前广泛使用 BIM 技术。为了实现这一目标，BCA 分析了面临的挑战，并制定了相关策略。清除障碍的主要策略包括制定 BIM 交付模板以减少从 CAD 到 BIM 的转化难度，2010 年 BCA 发布了建筑和结构的模板，2011 年 4 月发布了 M&E 的模板；另外，BCA 与新加坡 buildingSMART 分会合作，制定了建筑与设计对象库，并明确在 2012 年以前确定发布项目协作指南。

为了鼓励早期的 BIM 应用者，BCA 于 2010 成立了一个 600 万新币的 BIM 基金项目，任何企业都可以申请。基金分为企业层级和项目协作层级，公司层级最多可申请 20000 新元，用以补贴培训、软件、硬件及人工成本。项目协作层级需要至少 2 家公司的 BIM 协作，每家公司、每个主要专业最多可申请 35000 新元，用以补贴培训、咨询软件及硬件和人力成本。申请的企业必须派员工参加 BCA 学院组织的 BIM 建模管理技能课程。

在创造需求方面，新加坡要求政府部门必须带头在所有新建项目中明确提出 BIM 需求。2011 年，BCA 与一些政府部门合作确立了示范项目。BCA 将强制要求提交建筑 BIM 模型（2013 年起）、结构与机电 BIM 模型（2014 年起），并且最终在 2015 年前实现所有建筑面积大于 $5000m^2$ 的项目都必须提交 BIM 模型的目标。

1.3.4　BIM 技术在我国的应用及发展情况

（1）建筑业 BIM 技术应用的政策环境

为了更好地实现建筑业的数字化转型升级，近些年我国政府以及行业管理机构对 BIM 技术发展的重视力度持续加强。2011 年住房城乡建设部发布《2011—2015 年建筑业信息化发展纲要》，第一次将 BIM 纳入信息化标准建设内容；2013 年推出《关于推进建筑信息模型应用的指导意见》；2014 年《关于推进建筑业发展和改革的若干意见》中提到推进建筑信息模型在设计、施工和运维中的全过程应用，探索开展白图代替蓝图、数字化审图等工作；2015 年《住房城乡建设部关于印发推进建筑信息模型应用指导意见的通知》中特别指出 2020 年末实现 BIM 与企业管理系统和其他信息技术的一体化集成应用，新立项项目集成应用 BIM 的项目比率达 90%；2016 年发布《2016—2020 年建筑业信息化发展纲要》，BIM 成为"十三五"建筑业重点推广的五大信息技术之首。

2017 年，国家和地方加大 BIM 政策与标准落地，《建筑业 10 项新技术（2017 版）》将 BIM 列为信息技术之首。国务院于 2017 年 2 月发布《关于促进建筑业持续健康发展的意见》提到加快推进建筑信息模型（BIM）技术在规划、勘察、设计、施工和运营维护全过程的集成应用。住房城乡建设部于 2017 年 3 月发布《"十三五"装配式建筑行动方案》和《建筑工程设计信息模型交付标准》；于 2017 年 5 月发布《建设项目工程总承包管理规范》提到采用 BIM 技术或者装配式技术的，招标文件中应当有明确要求；建设单位对承诺采用 BIM 技术或装配式技术的投标人应当适当设置加分条件；《建筑信息模型施工应用标准》提到从深化设计、施工模拟、预制加工、进度管理、预算与成本管理、质量与安全管理、施工监理、竣工验收等方面，提出建筑信息模型的创建、使用和管理要求。交通运输部于 2017 年 2 月发布《推进智慧交通发展行动计划（2017—2020 年）》提到在基础设施智能化方面，推进建筑信息模型（BIM）技术在重大交通基础设施项目规划、设计、建设、施工、运营、检测维护管理全生命周期的应用；2017 年 3 月发布《关于推进公路水运工程应用 BIM 技术的指导意见》（征求意见函）提到推动 BIM 在公路水运工程等基础设施领域的应用。

2018 年以来我国各地纷纷出台了对应的落地政策，BIM 类政策呈现出了非常明显的地域和行业扩散、应用方向明确、应用支撑体系健全的发展特点。政策发布主体从部分发达省份向中西部省份扩散，目前全国已经有接近 80% 省、自治区、直辖市发布了省级 BIM 专项政策。大多数地方政策制定明确的应用范围、应用内容等，有助于更好地约束 BIM 应用方向，评价 BIM 应用效果。同时更多地区明确了 BIM 应用的相关标准及收费政策。

2019 年上半年共发布相关文件 6 次。2019 年 2 月 15 日住房城乡建设部发布《关于印发〈住房和城乡建设部工程质量安全监管司 2019 年工作要点〉的通知》，指出推进 BIM 技术集成应用，支持推动 BIM 自主知识产权底层平台软件的研发，组织开展 BIM 工程应用评价指标体系和评价方法研究，进一步推进 BIM 技术在设计、施工和运营维护全过程的集成应用。2019 年 3 月 7 日住房城乡建设部发布《关于印发 2019 年部机关及直属单位培训计划的通知》，将 BIM 技术列入面向从领导干部到设计院、施工单位人员、监理等不同人员的培训内容。2019 年 3 月 15 日国家发展改革委与住房城乡建设部联合发布《国家发展改革委　住房城乡建设部关于推进全过程工程咨询服务发展的指导意见》指出：要建立全过程工程咨询服务管理体系，大力开发和利用建筑信息模型（BIM）、大数据、物联网等现代信息技术和资源，努力提高信息化管理与应用水平，为开展全过程工程咨询业务提供保障。2019 年 3 月 27 日住房城乡建设部发布《关于行业标准〈装配式内装修技术标准（征求意见稿）〉公开征求意见的通知》指出：装配式内装修工程宜依托建筑信息模型（BIM）技术，实现全过程的信息化管理和专业协同，保证工程信息传递的准确性与质量可追溯性。2019 年 4 月 1 日，人社部正式发布 BIM 新职业：建筑信息模型技术员。2019 年 4 月 8 日和 9 日住房城乡建设部发布行业标准《建筑工程设计信息模型制图标准》、国家标准《建筑信息模型设计交付标准》的公告。进一步深化和明晰 BIM 交付体系、方法和要求，为BIM 产品成为合法交付物提供了标准依据。

2020 年 2 月，国家出台了《民用运输机场建筑信息模型应用统一标准》（MH/T 5042—2020）；2020 年 9 月，出台了《城市信息模型（CIM）基础平台技术导则》等。

住房城乡建设部印发"十四五"建筑业发展规划，对今后 BIM 技术集成应用方面提出：推进自主可控 BIM 软件研发，积极引导培育一批 BIM 软件开发骨干企业和专业人才，保障信息安全；完善 BIM 标准体系，加快编制数据接口、信息交换等标准，推进 BIM 与生产管理系统、工程管理信息系统、建筑产业互联网平台的一体化应用；引导企业建立 BIM 云服务平台，推动信息传递云端化，实现设计、生产、施工环节数据共享；建立基于 BIM 的区域管理体系，研究利用 BIM 技术进行区域管理的标准、导则和平台建设要求，建立应用场景，在新建区域探索建立单个项目建设与区域管理融合的新模式，在既有建筑区域探索基于现状的快速建模技术；开展 BIM 报建审批试点，完善 BIM 报建审批标准，建立 BIM 辅助审查审批的信息系统，推进 BIM 与城市信息模型（CIM）平台融通联动，提高信息化监管能力。

住房城乡建设部"十四五"建筑业发展规划中，对建筑产业互联网平台建设方面提出：加快建设行业级平台，围绕部品部件生产采购配送、工程机械设备租赁、建筑劳务用工、装饰装修等重点领域推进行业级建筑产业互联网平台建设，提高供应链协同水平，推动资源高效配置；积极培育企业级平台，发挥龙头企业示范引领作用，以企业资源计划（ERP）平台为基础，建设企业级建筑产业互联网平台，实现企业资源集约调配和智能决策，提升企业运营管理效益；研发应用项目级平台，以智慧工地建设为载体推广项目级建筑产业互联网平台，运用信息化手段解决施工现场实际问题，强化关键环节质量安全管控，提升工程项目建设管理水平；探索建设政府监管平台，完善全国建筑市场监管公共服务平台，推动各地研发基于建筑产业互联网平台的政府监管平台，汇聚整合建筑业大数据资源，支撑市场监测和数据分析功能，探索建立大数据辅助科学决策和市场监管的机制。

建筑行业在推行 BIM 技术初期重点在概念和标准政策体系的建立，2014 年后逐步深入到从设计到施工再到运维的全过程应用层面，硬性要求应用比率以及和其他信息技术的一体化集成应用，同时开始上升到管理层面，开发集成、协同工作系统及云平台，提出 BIM 的深层次应用价值，如与绿色建筑、装配式建筑及物联网的结合，"BIM＋"时代到来，使 BIM 技术深入到建筑业的各个方面。

（2）BIM 技术应用的市场环境

与我国庞大的建筑市场规模相比，我国建筑业信息化还处于发展阶段。2014 年，我国建筑业信息化率仅为 0.03％，远低于国际建筑业信息化率 0.3％的平均水平。2017 年底，全国已有三个省市：上海、广东、浙江发布了关于 BIM 收费的相关政策，用于指导地方的 BIM 收费标准。2018 年我国建筑业信息化市场规模为 245 亿元。2021 年我国建筑业信息化市场规模达 438.6 亿元，同比增长 25.17％。随着以 BIM 为核心，云技术、大数据、物联网、移动应用，人工智能为代表的新代信息技术的引入，建筑行业的信息化还面临着新的变化。上述变化为建筑行业信息化带来了极大的机会，信息化的范畴从过去的二维图纸进化到三维模型、从管理系统延伸到现场感知、从流程管理提升到数据采集，全新的 BIM 软件和物联网设备存在极大的市场空间。

（3）BIM 技术应用的发展

我国 BIM 应用已进入到建筑信息化 3.0 阶段。建筑信息化 1.0 时代（1950～1990 年），计算机绘图取代手工绘图，CAD 技术应用开始普及；建筑信息化 2.0 时代（1990～2000 年），互联网的兴起促进了建筑工程项目各参与方、多项目之间的数据共享交流；建筑信息化 3.0 时代（2000 年至今），BIM 技术得到应用推广，同时云计算、物联网、人工智能、5G 等新技术与 BIM 技术结合，促进建筑业信息化市场进一步重构。

随着近几年我国 BIM 应用环境的不断完善，BIM 产品逐步成熟，BIM 应用的价值逐步显现，BIM 应用进入到不断发展阶段。建筑企业 BIM 应用发展主要呈现出 3 个特征。

① 从施工技术管理应用向施工全面管理应用拓展。BIM 技术经过近几年的应用实践，已经从开始的施工技术管理，即 BIM 应用以专业化工具软件为基础，逐步在深化设计、施工组织模拟等技术管理类业务中得到应用的技术先行的管理，向施工全面管理应用拓展。BIM 技术不再单纯地应用在技术管理方面，而是深入应用到项目各方面的管理，包括生产管理和商务管理，同时也包括项目的普及应用以及与管理层面的全面融合应用。在过去几年的实践过程中，一些施工企业已经对 BIM 应用具备了一定的基础，对 BIM 技术的认识也更加全面。在此基础上，企业更需要通过 BIM 技术与管理的深度融合，从而提升项目的精细化管理水平，为企业创造更大的价值。

② 从项目现场管理向施工企业经营管理延伸。BIM 刚开始应用在施工主要聚焦在项目层面，解决项目不同业务岗位的技术问题，同时与项目管理业务集成应用，提升管理和协同效率。随着 BIM 应用的深入，逐渐形成从项目现场管理向施工企业经营管理延伸的趋势。企业通过应用 BIM 技术可实现企业与项目基于统一的 BIM 模型，进行技术、商务、生产数据的统一共享与业务协同，保证项目数据口径统一和及时准确，可实现公司与项目的高效协作，提高公司对项目的标准化、精细化、集约化管理能力。

③ 从施工阶段应用向建筑全生命期辐射。随着 BIM 技术在施工阶段应用价值的凸显，BIM 应用正形成以施工应用为核心向设计和运维阶段辐射，全生命周期一体化的协同应用。BIM 作为载体，能够将项目在全生命周期内的工程信息、管理信息和资源信息集成在统一模型中，打通设计、施工、运维阶段分块割裂的业务，解决数据无法共享的问题，实现一体化、全生命周期应用。

（4）BIM 技术应用的推广

从 BIM 技术推广过程看，政府政策的引导非常重要。我国的 BIM 标准已经初步形成体系，但与 BIM 应用领先的国家仍存在差距。随着国家层面的 BIM 标准陆续出台并逐步完善，地方性标准以及不同专业标准也相继出台，再加上企业自身制定的 BIM 实施导则，将共同构成完整的标准体系，指导 BIM 技术科学、合理的良性发展。BIM 的发展也将影响政府监管方式的改变。BIM 越来越普及的应用是政府开放信息平台、实行资源共享的有效手段。随之而来的"互联网＋"、智慧城市、绿色建筑、参数化设计，对政府监管方式也提出了新的要求。

从 BIM 应用的价值方面看，新技术的革新都将伴随模式的变革，而 BIM 在项目上的落地不仅仅是把模型建好，把数据做出来，更重要的是结合项目的管理，融入现有的管理模式，进而优化流程和制度。BIM 的协作可以将管理前置，降低风险，让上下游各方直接受益。基于 BIM 平台的信息交互方式使得项目管理各参与方信息共享和透明，将原来各自为利的状态转化为追求项目成功的共同利益，从而实现各自利益最大化，推动管理模式的革新与升级。

从 BIM 平台的选择方面看，BIM 的数字化属性与云计算、大数据、物联网、移动技术、智能技术具有天然结合优势，这为搭建多方数据信息协同的应用平台提供了支撑。推动企业 BIM 应用发展将会经历一段过程，在选择 BIM 平台时就需要从多方面考虑。随着企业应用项目数量的不断积累，BIM 平台的信息数据安全就将成为企业最为关心的一大问题。从整个行业角度看，所有工程信息的数据安全甚至需要提升到国家层面来看待，以保证数据的安全性。

1.3.5　BIM 技术在我国施工项目招标投标的发展情况

BIM 招投标是以 BIM 模型为基础，集成进度信息、商务报价等信息，动态可视化呈现评标专家关注的评审点，提升标书评审质量和评审效率，帮助招标人选择最优中标人的招投标方法。

根据市场主体的认知，对 BIM 招投标划分为以下 3 种形式。

① 在建设工程的招标文件中，明确中标后 BIM 实施的要求。投标人基于招标人的要求，在编制投标文件时，在专项方案中增加 BIM 相关章节，以实施方案策划书的形式呈现。

② 在建设工程的招标文件中，规定除了常规的标书文件（技术标、商务标）外，投标人需要基于招标人给的图纸进行 BIM 建模，提交 BIM 模型源文件以及 BIM 衍生物（如深化设计、漫游、材料统计等）。

③ 在建设工程招投标文件中，规定制作 BIM 标书。要求将评标过程的各项评审点，集成到 BIM 模型上，通过 BIM 模型来展示投标方案。

目前，我国建设工程招投标采用电子招标方式已经比较成熟，但是 BIM 技术在工程招投标阶段的应用还处在探索起步阶段，一些 BIM 发展比较快的城市，也在积极尝试在电子招投标系统中应用 BIM 技术。国内已经有个别省市地区开始了 BIM 招投标的试点工作。

（1）BIM 招投标制度及管理办法开始起步

2019 年 1 月 11 日，河北雄安新区管理委员会发布的《雄安新区工程建设项目招标投标管理办法（试行）》明确规定："在招标投标活动中，全面推行建筑信息模型（BIM）、城市信息模型（CIM）技术，实现工程建设项目全生命周期管理。""招标文件应合理设置支持技术创新、节能环保等相关条款，并明确BIM、CIM 等技术的应用要求。""雄安新区工程建设项目在勘察、设计、施工等阶段均应按照约定应用 BIM、CIM 等技术。"说明 BIM 招投标制度及管理办法已经在我国起步。

（2）BIM 招投标系统正在试点

深圳市是国内第一个电子招投标试点城市。基于 BIM 的电子招标投标系统建设与应用项目和基于大数据技术的建设工程招标投标数据研究与应用项目于 2017 年 12 月通过住房和城乡建设部验收，2018 年 4 月作为 BIM 电子招投标试点推进。

（3）首个 BIM 招投标项目已经完成

从 2016 年起，海南省住房和城乡建设厅就开始应用 BIM 技术电子招投标的探索实践，在全国率先制定应用 BIM 技术开展电子招投标的评审内容和评分细则，在 2017 年 12 月 27 日发布《海南省房屋建筑和市政工程工程量清单招标投标评标办法》（琼建招〔2017〕337 号），明确规定了 BIM 施工组织设计的评审内容，阐明了 BIM 在招标过程中的关注要点。

2018 年 5 月 16 日，全国首个应用 BIM 技术的电子招投标项目——万宁市文化体育广场项目（图 1-9），在海南省人民政府政务服务中心顺利完成开评标工作。

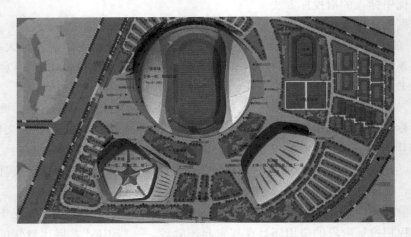

图 1-9　海南万宁体育场场地模拟示意

2019 年 1 月 22 日上午，全国首个设计类 BIM 招投标项目——前海乐居桂湾人才住房项目全过程设计国际招标项目，在深圳顺利完成开标工作。此举标志着深圳电子招投标正式进入 BIM 时代，实现从二维电子化招投标到三维可视化、智能化的变革。

应用 BIM 技术开展电子招投标，可有效遏制围标、串标行为，同时可将投标文件集成化，有利于提高投标人的竞争性。此外，还可以进一步提升评标效率，减少评标委员会自由裁量权，打通信息阻塞，促进招投标项目协同化管理。

BIM 技术在招投标阶段的应用已经显示出优势。随着我国建筑市场的发展，建筑的相关标准和要求越来越高、结构越来越复杂、工程信息越来越庞大，BIM

技术在招投标阶段的应用能够满足建筑市场的要求。目前,招投标阶段的 BIM 应用还在尝试,还有许多应用的内容需要完善,如 BIM 招投标流程、BIM 评标专家、评标系统及评标指标等雷同都需要进一步的探究。

1.4 施工项目招投标常用的 BIM 软件

1.4.1 常用 BIM 软件

一般将以构建 BIM 模型为基础,满足建设领域各类工程(如房屋建筑工程、工业建筑工程、水利建设工程等)各专业信息化、数字化、智能化、智慧化应用等功能需求的软件界定为 BIM 软件。按照软件特征可以分为核心软件和工具软件。工程施工组织中涉及的软件一般为工具软件,按照具体功能可分为方案设计类、交互类和管理类共三类(表 1-1)。

表 1-1 工程施工组织中常用 BIM 软件统计表

类别	代表性软件	软件功能
方案设计类	广联达 GSL	汇集了预算、进度、资源等信息,可以进行施工过程模拟,为项目施工过程中各环节提供及时准确的信息数据
	鲁班软件	打造 BIM 数字化平台——鲁班工程管理数字平台,以及可承载园区级或城市级的 BIM、CIM 数字底板——鲁班开发者平台,为工程造价从业者提供一站式数字造价整体解决方案
	品茗	以工程质量管理、施工现场重大危险源安全管理为核心的数字化工地系列软件产品
	Ecotect Analysis	建筑可持续性分析应用最广泛的软件,可以支持声、光、热等多种建筑性能的分析
	鸿业	致力于工程设计行业计算机辅助设计软件的开发,主要有给水排水、暖通空调、规划总图、市政道路、市政管线以及日照分析等软件产品
	PKPM	目前国内结构设计领域应用最广泛的软件
交互类	3DS Max	基于 PC 系统的三维动画渲染和制作软件,操作较简单,与 Revit, Lumion 等均能协同应用
	Rhino	专业 3D 造型软件,尤其擅长对精细、弹性与复杂的 3D 模型的效果处理
	BIM 审图	PC 端的 BIM 建筑模型检查软件
	NavisWorks	以参与方视角辅助优化设计决策、建筑实施、性能预测和规划、设施管理和运营等各个环节的仿真软件

类别	代表性软件	软件功能
交互类	Plant 3D	服务于 3D 模型与 2D 图纸转化，输出图纸和模型的软件
	Lubaniworks	相当高效的实用型项目管理系统，能够帮助用户轻松地在多个项目中进行协同管理
管理类	GCCP	内置全国各地现行工程量计算规则、国家规范和平法标准图集，是我国造价领域现行应用最广泛的软件
	Synchro 4D	成熟且功能强大的软件，具有成熟的施工进度计划管理功能
	ArchiBus	提供资产及设施整体管理解决方案的软件，无论是市场占有率还是软件研发都稳居全球第一

1.4.2　BIM 技术信息交互标准

为保证工程项目信息的有效存取、识别和传递，BIM 信息应为结构化信息才能被充分使用。结构化信息传递过程中需要一系列的标准，以便确保数据信息完整性与通用性。国际上主要常用标准如下。

① IFC（industry fundation classes），即工业基础类别。由国际组织 IAI（Industry Alliance for Interoperability）机构提出的一套建筑数据整合标准。IFC 是一种开放性数据格式，将墙体、门窗、家具等实体和空间等抽象概念都作为对象进行处理，以对象数据库的方式来处理数据内容。

② IDM（information delivery manual），即信息交付手册。依据 IDM 来定义各自工作所需要的信息交换内容，然后利用 IFC 标准格式来进行交换。

③ IFD（international framework for dictionaries），即国际字典框架。由于自然语言具有多样性和多义性，为保证来自不同地区、国家、语言体系和文化背景的信息提供者与信息请求者对同一个概念有完全一致的理解，IFD 为建筑全生命周期中的每个概念和术语赋予了全球唯一标识码 GUID，这使得 IFC 里面的每个信息与所表达的对象具有一一对应的连接。

IFC、IDM、IFD 相互依托，构成了 BIM 信息交换与共享的基本体系，但实际使用中交互问题导致的上下游信息不完整、不一致的问题仍然存在，需要不断探讨加以解决。

第 2 章
施工项目招标过程 BIM 应用

在施工项目招投标过程中，招标是第一个过程。对于使用 BIM 技术的施工项目，在招标过程中，招标人要有明确的对中标人在施工过程中 BIM 技术的使用要求。招标人在发布招标公告时，就应该明确使用 BIM 技术的要求。招标人在选择招标代理公司时，也要考虑其对 BIM 招标文件的编制能力。在编制招标文件时，必须明确对投标人相关业绩及投标文件有关 BIM 使用的要求及评分规则。

2.1　招标准备阶段主要工作

招标准备阶段的工作由招标人单独完成，投标人不参与。主要工作包括建设工程项目报建及审查，招标组织工作，选择招标方式、范围及分标方案，申请招标，编制招标有关文件，招标控制价或工程标底（如有）的编制等。

2.1.1　建设工程项目报建及审查

（1）建设工程项目报建

建设工程项目报建是建设工程招标（投标）的重要条件之一，是指工程项目建设单位或个人，在工程项目确立后的一定期限内向建设行政主管部门或者其授权机构申报工程项目，办理项目登记手续。凡未报建的工程建设项目，不得办理招标（投标）手续和发放施工许可证，施工单位不得承接该项目的施工任务。

① 报建范围。各类房屋建设、土木工程、设备安装、管道线路敷设、装饰装修等新建、扩建、改建、迁建、恢复建设的基本建设及技改等项目。属于依法必须招标范围的工程项目都必须报建。

② 报建内容。工程名称、建设地点、建设内容、投资规模、资金来源、当年

投资额、工程规模、结构类型、发包方式、计划开工竣工日期、工程筹建情况等。

③ 办理工程报建时应交验的文件资料。立项批准文件或年度投资计划、固定资产投资许可证、建设工程规划许可证、资金证明等。

（2）审查建设项目

按照《工程建设项目施工招标投标办法》的规定，依法必须招标的工程建设项目应当具备下列条件才能进行施工招标：招标人已经依法成立；招标范围、招标方式和招标组织形式等应当履行核准手续的，已经核准；有相应资金或资金来源已经落实；有招标所需的设计图纸及技术资料。

2.1.2　招标组织工作

建设项目的立项文件获得批准后，招标人需向建设行政主管部门履行建设项目报建手续。只有报建申请批准后，才可以开始项目的建设。应当招标的工程建设项目，办理报建登记手续后，凡已满足招标条件的，均可组织招标，办理招标事宜。招标人组织招标必须具有相应的组织招标的资质。

根据招标人是否具有招标资质，可以将组织招标分为两种情况。

（1）招标人自己组织招标

由于工程招标是一项经济性、技术性较强的专业民事活动，因此招标人自己组织招标必须具备一定的条件，设立专门的招标组织，经招标投标管理机构审查合格，确认其具有编制招标文件和组织评标的能力，能够自己组织招标后，发给招标组织资质证书。招标人只有持有招标组织资质证书的，才能自己组织招标、自行办理招标事宜。

（2）招标人委托招标代理人代理招标

招标人不具备自行招标条件的，必须委托具备相应资质的招标代理人代理组织招标、代为办理招标事宜。这是为保证工程招标的质量和效率，适应市场经济的快速发展而采取的管理措施，也是国际上的通行做法。招标人书面委托具有相应资质的招标代理人并与之签订招标代理合同（协议）后，就可开始组织招标、办理招标事宜。

招标人自己组织招标、自行办理招标事宜或者委托招标代理人代理组织招标、代为办理招标事宜，都应当向有关行政监督部门备案。

2.1.3　选择招标方式、范围及分标方案

（1）选择招标方式、范围
① 根据工程特点和招标人的管理能力确定招标范围。

② 依据工程建设总进度计划确定项目建设过程中的招标次数和每次招标的工作内容。如分楼栋进行的施工项目招标。

③ 按照每次招标前准备工作的完成情况，选择合同的计价方式。施工招标时，已完成施工图设计的中小型工程，可采用总价合同；若为初步设计完成后的大型复杂工程，则应采用单价合同。

④ 依据工程项目的特点、招标前准备工作的完成情况、合同类型等因素的影响程度，最终确定招标方式。

（2）选择分标方案

对于投资额很大的建设项目，所涉及的各个项目技术复杂，工程量也大，往往一个承包商难以完成。为了加快工程进度，发挥各承包商的优势，降低工程造价，进行合理分标是非常必要的。所以，编制招标文件前，应适当划分标段，选择分标方案。

① 划分原则。分标时必须坚持不肢解工程的原则，保持工程的整体性和专业性。在我国，工程建设项目一般被划分为五个层次：建设项目、单项工程、单位工程、分部工程、分项工程。施工项目招标发包的最小分标标的为单位工程。对不能分标发包的工程而进行分标发包的，即为肢解工程。

② 标段划分主要考虑的因素。工程的特点，如工程建设场地面积大、工程量大、有特殊技术要求、管理不便的，可以考虑对工程进行分标；对工程造价的影响，如大型、复杂的工程项目，一般工期长，投资大，技术难题多，因而对承包商在能力、经验等方面的要求很高，对这类工程，采取分标的方式更有利于管理；工程资金的安排情况，根据资金筹措、到位情况和工程建设的次序，在不同时间进行分段招标；对工程管理上的要求，现场管理和工程各部分的衔接也是分标时应考虑的一个因素。

2.1.4　申请招标

招标人向建设行政主管部门办理申请招标手续。申请招标文件应说明：招标工作范围、招标方式、计划工期、对投标人的资质要求、招标项目的前期准备工作的完成情况、自行招标还是委托代理招标等内容。

2.1.5　编制 BIM 技术施工项目招标文件

招标准备阶段应编制好招标过程中可能涉及的有关文件，保证招标活动的正常进行。这些文件包括：招标公告、资格审查文件、招标文件、合同协议书、评标的方法以及 BIM 技术工程量清单。经招标投标管理机构对有关文件进行审查认定后，才可发布招标公告或发出投标邀请书。

2.1.6 应用 BIM 软件编制招标控制价

最高投标限价也称招标控制价或拦标价，是招标人根据招标项目内容范围、需求目标、设计图纸、技术标准、招标工程量清单等，结合有关规定、规范标准、投资计划、工程定额、造价信息、市场价格以及合理可行的技术经济实施方案，通过科学测算并在招标文件中公开的招标人可接受最高投标价格（或最高投标价格计算方法）。

如果招标人设定最高投标限价，则该最高投标限价应当在招标文件中公布。最高投标限价可以是具体数额，也可以是计算方法。投标报价超出最高投标限价，投标将被评标委员会否决。招标人设定最高投标限价时应当慎重，否则容易造成招标失败。通常情况下，潜在投标人不多、投标竞争不充分或者容易引起围标、串标招标项目需要设定最高投标限价。

招标控制价的编制，必须依据设计图纸。在采用 BIM 技术进行施工项目招标时，设计图纸是用 BIM 模型进行深化设计后出图的，经造价软件导出工程量，套用人工价格、材料价格、机械价格、规费、利润、税金后，得出投标报价。BIM 投标控制价要以 BIM 工程量清单为依据进行编制。

2.2 招标阶段主要工作

公开招标从发布招标公告开始，邀请招标从发出投标邀请函开始，到投标截止日期为止的期间称为招标阶段。在此阶段，招标人应做好招标的组织工作，投标人则按招标有关文件的规定程序和具体要求进行投标报价竞争。招标人应当确定投标人编制投标文件所需的合理时间。依法必须进行招标的项目，自招标文件开始发出之日起至投标人提交投标文件截止日，最短不得少于 20 日。

与邀请招标相比，公开招标程序在招标阶段多了发布招标公告、进行资格预审的内容。

2.2.1 发布招标公告或者发出投标邀请书

招标人采用公开招标方式的，应当发布招标公告；招标人采用邀请招标方式的，应当向潜在投标者发放投标邀请书。

（1）招标公告

招标公告是招标人在国家指定的报刊、信息网络或者其他媒介，发布招标人的名称和地址、招标项目的性质、数量、实施地点和时间以及获取招标文件的办法等事项，邀请不特定的法人或者其他组织参与项目的投标，是公开招标一个最显著的特征。

招标公告内容应当真实、准确和完整。BIM 技术施工项目的招标公告基本内容包括以下几点。

① 招标条件。包括招标项目的名称、项目审批、核准或备案机关名称、资金来源、简要技术要求以及招标人的名称等。

② 招标项目的规模、BIM 技术应用工程的范围、标段或标包的划分或数量以及对使用 BIM 环节的要求。

③ 招标项目的实施地点。要明确实施地点的详细位置。

④ 招标项目的实施时间，即工程施工工期。要有具体的开工时间和工程完工时间。

⑤ 对投标人的资质等级与资格要求。

⑥ 获取招标文件的时间、地点、方式以及招标文件售价。

⑦ 递交投标文件的地点和投标截止日期。

⑧ 联系方式。包括招标人、招标代理机构项目联系人的名称、地址、电话、传真、网址、开户银行及账号等联系方式。

⑨ 其他。

住房城乡建设部规定依法必须进行施工公开招标的工程项目，应当在国家或者地方指定的报刊、信息网络或者其他媒介上发布招标公告，并同时在中国工程建设信息网上发布招标公告。

（2）投标邀请书

招标人采用邀请招标方式的，应当向 3 个以上具备承担招标项目能力、资信良好的特定的法人或者其他组织发出投标邀请书。潜在投标人（施工单位）在规定时间以前，用传真或快递方式向招标人确认是否收到了投标邀请书。投标人应按资格预审公告要求提交资格证明文件。

公开招标的招标公告和邀请招标的投标邀请书，在内容要求上没有太多差别。

2.2.2 资格审查

资格审查就是招标人审查投标人是否具备投标的资格。资格审查分为资格预审和资格后审。它们的审查内容所包括的条件相同，区别在于对应的招标方式有所不同。公开招标多采用资格预审，邀请招标多采用资格后审。实际工作中资格预审较为普遍。

2.2.2.1　资格审查的主要内容

《工程建设项目施工招标投标办法》第二十条规定，资格审查主要审查潜在投标人或者投标人是否符合下列条件。

① 具有独立订立合同的权利。

② 具有履行合同的能力，包括专业、技术资格和能力、资金、设备和其他物质设施状况，以及管理能力、经验、信誉和相应的从业人员。

③ 没有处于被责令停业，投标资格被取消，财产被接管、冻结，破产状态。

④ 在最近三年内没有骗取中标和严重违约及重大工程质量问题。

⑤ 国家规定的其他资格条件。

资格审查时，招标人不得以不合理的条件限制、排斥潜在投标人或者投标人，不得对潜在投标人或者投标人实行歧视待遇。任何单位和个人不得以行政手段或者其他不合理方法限制投标人的数量。

2.2.2.2　资格预审

（1）资格预审的有关规定

资格预审是指投标前对获取资格预审文件并提交资格预审申请文件的潜在投标人进行的资格审查。资格预审文件一般应包括资格预审申请书格式、申请人须知以及需要投标人提供的企业资质、类似 BIM 项目业绩、技术装备、财务状况和拟派出的项目经理与主要技术人员简历（必须有 BIM 软件使用人员）、类似 BIM 项目业绩等证明材料。

资格预审的评审方法，可以采取合格制或有限数量制。

① 采用合格制的资格预审方法。凡符合资审文件中规定的初步审查标准和详细审查标准的申请人均为资格预审合格人，均应被邀请参加投标。

② 采用有限数量制的资格预审方法。关于合格申请人数量选择问题，建设部在《关于加强房屋建筑和市政基础设施工程项目施工招标投标行政监督工作的若干意见》中规定："依法必须公开招标的工程项目的施工招标实行资格预审，并且采用经评审的最低投标价法评标的，招标人必须邀请所有合格申请人参加投标，不得对投标人的数量进行限制。依法必须公开招标的工程项目的施工招标实行资格预审，并且采用综合评估法评标的，当合格申请人数量过多时，一般采用随机抽签的方法，特殊情况也可以采用评分排名的方法选择规定数量的合格申请人参加投标。其中，工程投资额 1000 万元以上的工程项目，邀请的合格申请人应当不少于 9 个；工程投资额 1000 万元以下的工程项目，邀请的合格申请人应当不少于 7 个。"

（2）联合体资格预审

① 由 2 个或 2 个以上的企业组成的联合体，联合体的每一个成员须同单独

申请资格预审一样提交符合要求的资格预审全套文件。资格预审申请书中应保证资格预审合格后，投标申请人将按招标文件的要求提交投标文件，投标文件和中标后与招标人签订的合同须有成员各方的法定代表人或其授权委托代理人签字和加盖法人印章。除非在资格预审申请书中已附有相应的文件，在提交投标文件时应附联合体共同投标协议，该协议中应约定各成员在联合体中的共同责任和联合体各方各自的责任。

资格预审申请书中均须包括一份联合体各方计划承担的份额和责任的说明，联合体各方须具备足够的经验和能力来承担各自的责任。资格预审申请书中还应约定一方作为联合体的主办人，申请人与招标人之间的往来信函将通过主办人传递。

② 联合体各方均应具备承担招标工程项目的相应资质条件。相同专业的施工企业组成的联合体，按照资质等级低的施工企业的业务范围承揽工程。如果达不到投标须知对联合体的要求，其提交的资格预审申请书将被拒绝。

③ 联合体各方可以单独参加资格预审，也可以联合体的名义统一参加资格预审，但不允许任何一个联合体成员就招标工程独立投标，任何违反这一规定的投标书将被拒绝。

④ 如果施工企业能够独立通过资格预审，鼓励施工企业独立参加资格预审；由 2 个或 2 个以上的资格预审合格的企业组成的联合体，将被视为资格预审当然合格的投标申请人。

⑤ 资格预审合格后，联合体在组成等方面的任何变化，必须在投标截止时间前征得招标人的书面同意。

（3）资格预审工作程序与要求

参照《标准施工招标资格预审文件》资格预审的评审工作程序为：初步审查、详细审查、资格预审申请文件的澄清、综合评议，确定通过资格预审的合格申请人名单，或采用评分排序（只适用于有限数量制）确定通过资格预审的合格申请人名单，并编写资格预审审查报告递交招标人审定。招标人审核确定资格预审合格申请人的，审核通过后发出资格预审结果的书面通知。

按照《标准施工招标资格预审文件》的规定："通过资格预审申请人的数量不足 3 个的，招标人应重新组织资格预审或不再组织资格预审而直接招标。"招标人重新组织资格预审的，应当在保证满足法定资格条件的前提下，适当降低资格预审的标准和条件。

2.2.2.3　资格后审

资格后审是指在开标后对投标人进行的资格审查。资格后审是作为招标评标的一个重要内容在组织评标时由评标委员会负责一并进行的，审查的内容与资格预审的内容是一致的。评标委员会是按照招标文件规定的评审标准和方法进行评审的。对资格后审不合格的投标人，评标委员会应当对其投标做废标处理，不再进行详细评审。

对于 BIM 技术施工项目招标，招标人往往对项目使用 BIM 有一定的要求，所以对中标人的技术人员是否能够承担招标文件要求及以往的 BIM 技术项目业绩可能都会有一定的要求。

2.2.3 发放 BIM 技术施工项目招标文件

招标人根据招标项目特点和需要编制施工项目 BIM 技术招标文件，是投标人编制投标文件和报价的依据。对于资格预审合格的投标人，招标人要按照投标人的要求发放招标文件；对于资格后审的招标项目，投标人不需要资格审查，直接向申请人发放招标文件。

招标文件发出后，招标人不得擅自变更其内容。确需进行必要的澄清、修改或补充的，应当在招标文件要求提交投标截止时间至少 15 日前，书面通知所有获得招标文件的投标人，以便修改投标书。澄清、修改或补充的内容是招标文件的组成部分，对招标人和投标人都有约束力。

近几年来，由于招投标管理方面的发展和疫情的原因，很多地区施工项目的招投标都采用电子方式，招标文件的买售也采用网上的方式进行。

2.2.4 组织踏勘现场

招标文件发放后，招标人要在招标文件规定的时间内，组织投标人踏勘现场。招标人不得组织单个或者部分潜在投标人踏勘现场。踏勘现场的目的在于了解工程场地和周围环境情况，以获取投标人认为必要的信息。为便于投标人提出问题并得到解答，踏勘现场一般安排在投标预备会之前进行。投标人在踏勘现场中如有疑问或不清楚的问题，应在投标预备会前以书面形式向招标人提出，但应给招标人留有解答时间。

踏勘现场主要应了解的内容有：施工现场是否达到招标文件规定的条件；施工现场的地理位置、地形和地貌；施工现场的地质、土质、地下水位、水文等；施工现场气候条件，如气温、湿度、风力、年雨雪量等；现场环境，如交通、饮水、污水排放、生活用电、通信等；工程所在施工现场的位置与布置；临时用地、临时设施搭建等。

2.2.5　投标预备会

投标预备会也称答疑会、标前会议，是指招标人为澄清或解答招标文件或踏勘现场中的问题，以便投标人更好地编制投标文件而组织召开的会议。

在招标管理机构监督下，由招标人组织并主持召开，参加会议的人员包括招标人、投标人、代理机构、招标文件的编制人员、招标投标管理机构的管理人员等。所有参加投标预备会的投标人应签到登记，以证明出席投标预备会。招标人应在预备会上对招标文件和现场情况作介绍或解释，并解答投标人提出的疑问（包括书面提出的和口头提出的询问），还应对施工图、项目对 BIM 的要求等进行交底和解释。

投标预备会结束后，由招标人整理会议记录和解答内容，报招标投标管理机构核准同意后，尽快以书面形式将问题及解答同时发送到所有获得招标文件的投标人。为了使投标人在编写投标文件时充分考虑招标人对招标文件的修改或补充内容，以及在投标预备会上澄清或者修改内容，招标人应当在投标截止时间至少15 日前，以书面形式通知所有获取招标文件的潜在投标人；不足 15 日的，招标人应当顺延提交投标文件的截止时间。

2.3　采用 BIM 技术施工项目招标文件的编制

招标文件是招标人向潜在投标人发出的要约邀请文件，是告知投标人招标项目内容、范围、数量与招标要求、投标资格要求、招标投标程序规则、投标文件编制与递交要求、评标标准与方法、合同条款与技术标准等招标投标活动主体必须掌握的信息和遵守的依据，对招标投标各方均具有法律约束力。

BIM 技术施工项目招标文件，是由招标人或其委托的咨询公司编制并发布的进行施工项目招标的纲领性、实施性文件。该文件是评标委员会评审的依据，也是签订合同的基础，同时又是投标人编制 BIM 技术施工项目投标文件的重要依据。该文件中提出的各项要求，各投标人及选中的中标单位必须遵守，同样，招标文件对招标人自身也具有法律约束力。

2.3.1　采用 BIM 技术施工项目招标文件的编制依据

① 严格遵守《招标投标法》《民法典》《保险法》《环境保护法》《建筑法》《建设工程质量管理条例》《建设工程安全生产管理条例》等与工程建设有关的现行法律、法规，不得作任何突破或超越。

② 各行业标准。不同的行业遵循不同的行业标准。

③《标准施工招标资格预审文件》。共分资格预审公告、申请人须知、资格审查办法、资格预审申请文件格式和项目建设概况等。

④《标准施工招标文件》。共分招标公告（或投标邀请书）、投标人须知、评标办法、合同条款及格式、工程量清单、图纸、技术标准和要求、投标文件格式等。

⑤ 与工程项目建设相关的标准、规范、技术资料；

⑥《建筑工程信息模型应用统一标准》《建筑工程施工信息模型应用标准》。

⑦ 施工现场勘探的地质、水文、气象条件；

⑧ 其他相关资料。

2.3.2　招标文件范本及其使用

2007 年 12 月，国家发改委、财政部、建设部等（九部委第 56 号令）颁布了《标准施工招标文件》和《标准施工招标资格预审文件》范本，主要适用于一定规模以上，且设计和施工不是由同一承包商承担的工程施工招标。范本妥善处理了与行业招标文件范本的通用性关系，如招标公告（或投标邀请书）的内容、投标人须知、评标办法、通用合同条款等，同时兼顾了不同行业、不同项目在技术上、合同专用条款上的差异。依据 56 号令第三条规定："国务院有关行业主管部门可根据《标准施工招标文件》并结合本行业施工招标特点和管理需要，编制行业标准施工招标文件。"

对于依法必须招标的工程建设项目，工期不超过 12 个月，技术相对简单，且设计和施工不是由同一承包商承担的小型项目，其施工招标文件应当依据《中华人民共和国简明标准施工招标文件》(2012 年版）进行编制；设计施工一体化的总承包项目，其招标文件应依据《中华人民共和国标准设计施工总承包招标文件》(2012 年版）进行编制。

这些示范文本主要是示范性地规范招标人行为，而非必须强制性使用。在使用范本编制具体项目的招标文件时，范本体例结构不能变，不允许修改的地方不得修改，允许细化和补充的内容不得与范本原文相抵触。

2.3.3　采用 BIM 技术施工项目招标文件的组成

采用 BIM 施工项目招标文件的组成，涉及资质标、商务标和技术标三大方面。项目性质不同、招标范围不同，招标文件的内容和格式有所区别。一般情况下，各类工程施工招标文件的内容大致相同，但组卷方式可能有所区别。此处以

《标准施工招标文件》为范本介绍 BIM 施工项目招标文件的内容和编写要求。

《标准施工招标文件》共包含封面格式和四卷八章的内容。第一卷包括第一章至第五章，涉及招标公告（投标邀请书）、投标人须知、评标办法、合同条款及格式、工程量清单等内容。其中，第一章和第三章并列给出了不同情况，由招标人根据招标项目特点和需要分别选择；第二卷由第六章图纸组成；第三卷由第七章技术标准和要求组成；第四卷由第八章投标文件格式组成。BIM 施工项目招标文件组成也是如此。

2.3.3.1　封面格式

BIM 施工项目招标文件封面格式包括：项目名称、标段名称（如有）、标识出"招标文件"这四个字、招标人名称和单位印章、时间。

2.3.3.2　招标公告与投标邀请书

对于公开招标项目，BIM 施工项目招标文件应包括招标公告；对于邀请招标项目，BIM 施工项目招标文件应包括投标邀请书。此外，招标人应当在资格预审公告、招标公告或者投标邀请书中载明是否接受联合体投标。

2.3.3.3　投标人须知

投标人须知是招标文件中很重要的一部分内容，是投标人的投标指南。投标人须知是招标投标活动应遵循的程序规则和对编制、递交投标文件等投标活动的要求，通常不是合同文件的组成部分。投标人须知包括投标人须知前附表、投标须知正文和附表格式等内容。

（1）投标人须知前附表

投标须知前附表是将投标须知中重要条款规定的内容用一个表格的形式列出来，以使投标人在整个投标过程中必须严格遵守和深入考虑。当正文中的内容与前附表规定的内容不一致时，以前附表的规定为准。

（2）投标须知正文

投标须知正文的内容包括：总则、BIM 招标文件、BIM 投标文件、投标、开标、评标、合同授予、重新招标和不再招标、纪律和监督 9 项内容。

① 总则。投标人须知正文中的总则由项目概况，资金来源和落实情况，招标范围、计划工期和质量要求，投标人资格要求，保密，语言文字，计量单位，踏勘现场，投标预备会，分包及偏离等内容组成。其内容必须与投标人须知前附表一致。

② BIM 招标文件。BIM 招标文件是对招标投标活动具有法律约束力的最主要文件。投标人须知应该阐明 BIM 招标文件的组成、招标文件的澄清和修改。

BIM 招标文件的组成内容包括：招标公告（或投标邀请书）、投标人须知、评标办法、合同条件及格式、BIM 工程量清单、图纸、技术标准和要求、投标文件格式、投标人须知前附表规定的其他材料。

当投标人对 BIM 招标文件有疑问时，可以要求招标人对 BIM 招标文件予以澄清，招标人可以主动对已发出的 BIM 招标文件进行必要的澄清和修改。对 BIM 招标文件所做的澄清、修改，构成招标文件的组成部分。修改意见经招标投标管理机构核准，由招标人以文字、电传、传真或电报等书面形式发给所有获得招标文件的投标人。投标人收到修改意见后应立即以书面形式（回执）通知招标人，确认已收到修改意见。BIM 招标文件澄清或修改的内容可能影响投标文件编制的，招标人应当在招标文件要求提交投标文件的截止时间至少 15 日前，以书面形式通知所有获取招标文件的潜在投标人。不足 15 日的，招标人应当按影响的时间顺延提交投标文件的截止时间。澄清或修改的内容不影响投标文件编制的，不受此时间的限制。

③ BIM 投标文件。BIM 投标文件是投标人响应和依据 BIM 招标文件向招标人发出的要约文件。招标人在投标人须知中对投标文件的组成、投标报价、投标有效期、投标保证金、资格审查资料、备选方案和投标文件的编制和递交提出明确要求。

投标文件的组成内容有：投标函及投标函附录、法定代表人身份证明、法定代表人的授权委托书、联合体协议书（如有）、投标保证金、BIM 报价工程量清单、BIM 施工组织设计、项目管理机构（如 BIM 工程师的数量）、拟分包项目情况表、资格审查资料、其他资料。对于 BIM 招标文件中对施工组织设计中要求现场进行 BIM 演示的，演示文件也是投标文件的构成部分。施工组织设计一般归类为技术文件，其余归类为商务文件。

需要注意的是，招标文件中要对投标保证金的金额和形式明确进行规定。

④ 投标。包括投标文件的密封和标识、投标文件的递交时间和地点、投标文件的修改和撤回等规定。招标人应尽可能简化对投标文件包装、密封和标识的要求，以免造成不必要的废标。如招标文件的正本和副本是否分开包装、密封是否存在细微偏差等，并不影响招标投标的实质竞争，不应构成废标的条件。但对于严重不按照招标文件要求密封的投标文件，招标人应拒绝接收。

投标人应在投标须知前附表规定的截止日期前递交投标文件。招标人因补充通知修改招标文件而酌情延长投标截止日期的，招标人和投标人在投标截止日期方面的全部权利、责任和义务，将适用延长后新的投标截止日期。到投标截止日期止，招标人收到的投标文件少于 3 个的，招标人应依法重新组织招标。招标人在规定的投标截止日期后收到的投标文件，将被拒绝并返回投标人。

⑤ 开标。包括开标时间、地点和开标程序等规定。所谓开标，就是投标人递交投标文件后，招标人依据招标文件规定的时间和地点，开启投标人递交的投

标文件，公开宣布投标人的名称、投标价格及投标文件中的其他主要内容。开标应当在招标文件确定的提交投标截止时间的同一时间公开进行，即提交投标文件截止之时，也就是开标之时。招标文件中应明确开标的程序及要求。

⑥ 评标。包括评标委员会、评标原则和评标方法等规定。所谓评标，是依据招标文件的规定和要求，对投标文件所进行的审查、评审和比较。招标文件中应明确评标的工作程序、评标的要求及其他要求。

⑦ 合同授予。包括定标方式、中标通知、履约担保和签订合同。定标方式通常有两种：招标人授权评标委员会直接确定中标人；评标委员会推荐 1～3 名中标候选人，由招标人依法确定中标人。

⑧ 重新招标和不再招标。根据《评标委员会和评标办法暂行规定》第二十七条规定，有下列情形之一的，招标人应当查明原因，采取相应纠正措施后，依法重新招标：投标人少于 3 个或评标委员会否决所有投标。评标委员会否决所有投标包括 2 种情况：所有投标均被否决；有效投标不足 3 个，且评标委员会经过评审后认为投标明显缺乏竞争，从而否决全部投标。

依法重新招标后投标人仍少于 3 个或者所有投标被否决的，属于必须审批或核准的工程建设项目，经原项目审批或核准部门核准后不再进行招标。

⑨ 纪律和监督。纪律和监督可分别包括对招标人、投标人、评标委员会、与评标活动有关的工作人员的纪律要求以及投诉监督。

（3）附表格式

附表格式包括招标活动中需要使用的表格文件格式，通常有：开标记录表、问题澄清通知、问题的澄清、中标通知书、中标结果通知书、确认通知等。

2.3.3.4　评标办法

招标文件中评标办法主要包括评标方法、评审因素和标准以及评标程序三方面主要内容。

（1）评标方法

评标方法一般包括经评审的最低投标价法、综合评估法和法律、行政法规允许的其他评标方法。对于 BIM 施工项目招标，业主或建设单位更关心的是投标人能否按照招标文件的要求，在工程项目施工过程中，使用 BIM 进行过程管理，因此综合评估法往往是首选的评标方法。

（2）评审因素和标准

招标文件应针对初步评审和详细评审分别制定相应的评审因素和标准。

（3）评标程序

评标工作一般包括初步评审、详细评审、投标文件的澄清、说明及评标结果等具体程序。具体内容如下。

① 初步评审。按照初步评审因素和标准评审投标文件、认定投标有效性和投标报价算术错误修正。

② 详细评审。按照详细评审因素和标准分析评定投标文件。

表 2-1 是某 BIM 施工项目招标文件中的评标方法前附表,初步评审和详细评审打分情况见表。

表 2-1　评标方法前附表

条款号	评审因素	评审标准
形式评审标准	投标人名称	与营业执照、资质证书、安全生产许可证一致
	投标函签字盖章	有法定代表人或其委托代理人签字或加盖单位章
	投标文件格式	符合招标文件中的投标文件格式要求
	联合体投标人	提交联合体协议书,并明确联合体牵头人
	报价唯一	只能有一个有效报价
资格评审标准	营业执照	具备有效的营业执照
	安全生产许可证	具备有效的安全生产许可证
	资质等级	招标文件中投标人须知中规定的施工总承包企业一级资质
	财务状况	财务状况良好,提供前 3 年的经审计的财务报告
	类似工程业绩	提供 2019 年 1 月 1 日以后的,建筑面积不低于 20000m²,并且使用 BIM 进行项目管理的类似项目业绩不少于 2 个
	信誉	提供施工企业信用承诺书,"信用中国"中无不良记录
	项目经理	项目经理具有 10 年以上从事施工管理工作经历,具有土建类专业高级职称,且具有房屋建筑二级以上建造师证书,有效的安全生产考核合格证书及所在企业缴纳的一年以上的养老保险证明
	其他要求	项目组成员必须配备至少 3 名 BIM 工程师
	联合体投标人	如有必要附有联合体协议书,并有明确的分工,其中项目牵头人必须是施工单位
响应性评审标准	投标内容	按要求完成某商场的施工建设工程,并按照招标文件的要求采用 BIM 进行管理
	工期	2022 年 4 月 20 日~2023 年 10 月 30 日
	工程质量	优良
	投标有效期	从投标截止日起 90 天内
	投标保证金	60 万元
	权利义务	符合招标文件中"合同条款及格式"规定
	已标价工程量清单	符合招标文件中"工程量清单"给出的范围及数量
	技术标准和要求	符合招标文件中"技术标准和要求"规定

续表

条款号	条款内容	编列内容
分值	分值构成（总分 100 分）	施工组织设计：26 分 综合评审：29 分 投标报价：30 分 其他评分因素：15 分

条款号	评分因素	评分标准
施工组织设计评分标准（26 分）	内容完整性和编制水平（2 分）	投标文件内容完整，编制水平良好得 2 分；内容完整性一般，编制水平一般得 1～2 分（不含 2 分）；内容完整性较差，编制水平较差，少于 1 分
	施工方案与技术措施（3 分）	施工方案涵盖了招标文件规定的招标范围内的主要工作，分部分项工程的施工方案符合适用的施工验收规范和标准，施工方法得当，使用 BIM 有足够的针对性解决施工中的问题，可操作性强和具有一定的先进性的，得 3 分；方案比较有针对性、比较合理性的，得 2 分；方案一般的，得 1 分；没有方案的，得 0 分
	质量管理体系与措施（3 分）	质量管理体系科学、合理、可靠，BIM 的使用能够满足工程质量整体控制的需求，施工方案和施工组织措施能充分保障招标文件要求的质量目标和工艺要求的，得 3 分；比较好的，得 2 分；一般的，得 1 分；没有的，得 0 分
	安全管理体系与文明施工措施（3 分）	安全管理及文明施工保证措施针对性强，可操作性高，有科学、具体、合理的安全文明措施费的使用方案和计划安排的，得 3 分；较好的，得 2 分；一般的，得 1 分；没有的，得 0 分
	环境保护管理体与措施（3 分）	环境管理、文明施工措施符合现行有关法律、法规、政策和招标文件的要求，具体可行，满足工程建设的需要
	工程进度方案与措施（3 分）	工程进度合理，分部分项工程的工期、工序安排合理可行，BIM 的使用使得工程进度计划更清晰可靠的，得 3 分；比较合理的，得 2 分；一般的，得 1 分；没有的，得 0 分
	资源配备方案（3 分）	施工方案和各类施工生产资源的投入，充分保证进度计划的实施，主要材料、设备的采购进场计划合理可行，能够满足总体施工进度计划的需求，劳动力安排数量能满足工期及进度的需要的，得 3 分；安排较合理的，得 2 分；一般的，得 1 分；没有的，得 0 分
	总平面布置（3 分）	利用 BIM 进行现场总平面布置科学合理，充分考虑了工程特点和现场具体情况的，得 3 分；较好的，得 2 分；一般的，得 1 分；没有的，得 0 分
	合理化建议（3 分）	针对项目实施提出 5 条及以上可行的合理化建议，并且有建设性措施，得 3 分；提出 3 条及以上可行的合理化建议的，得 2 分；其余的，得 1 分；没有的，得 0 分

续表

条款号	评分因素	评分标准
综合评分标准（29分）	类似项目业绩（8分）	投标人 2018 年 1 月 1 日以来，承担的类似规模的施工项目且使用 BIM 进行施工项目管理的，满足 2 个以上的，每增加 1 个项目的得 2 分，最高不超过 4 分（需提供业绩合同复印件、中标通知书及竣工验收报告）。 投标人 2018 年 1 月 1 日以来，承担的项目获得过国家 BIM 奖项的，每一项得 2 分，获得过省部级 BIM 奖项的，每一项得 1 分，获得过市级 BIM 奖项或其他由评标委员或认定的行业系统 BIM 奖项的，每一项得 1 分。此项最高不超过 4 分
	项目经理业绩（8分）	项目经理 2018 年 1 月 1 日以来，承担过类似规模的施工项目经理且使用 BIM 进行施工项目管理的，每承担一个项目的得 2 分，最高不超过 4 分（需提供业绩合同复印件、中标通知书及竣工验收报告）。 项目经理 2018 年 1 月 1 日以来，承担过类似施工项目，且被评为省级优秀示范工程及以上的或 BIM 奖项的，每获得一项得 2 分；获得市优秀示范工程或 BIM 奖项的，每获得一项得 1 分；获得其他由评标委员或认定的行业系统优质证书或 BIM 奖项的，每获一项得 1 分；同一工程项目如获得国家、省、市多个级别奖励的，不进行重复计算，以最高级别的奖励进行计算。此项最高得 4 分
	技术负责人任职资格与业绩（5分）	技术负责人持有 BIM 资格证书，得 1 分；具有中级职称，得 0.51 分，具有高级职称，得 1 分；承担类似项目业绩每一项，得 1 分，最高不得超过 3 分（需提供至少 1 年的养老保险及有效的证书复印件、业绩合同复印件、中标通知书及竣工验收报告）
	其他主要人员（5分）	项目组 BIM 成员资格证书专业齐全（满足至少 3 个 BIM 工程师），且包括建筑、结构、设备的，得 2 分；专业不全的，不得分。项目成员含有施工员、资料员、安全员、造价员、质量员、材料员的，得 3 分，每缺少 1 项扣 0.5 分（需提供至少 1 年的养老保险及有效的证书复印件）
	认证体系（3分）	通过质量认证体系认证、环境管理体系认证、职业健康安全管理体系认证各得 1 分，共 3 分
投标报价评分标准（30分）	偏差率	偏差率＝100%×（投标人报价－评标基准价）/评标基准价 当合格投标人超过 5 家时，去掉最高和最低投标报价后，其他投标人投标报价的算术平均值为评标基准价；当合格投标人不足 5 家（含 5 家）时，所有投标人投标报价的算术平均值为评标基准价
	报价得分	报价分＝30－30×偏差率
其他因素评分标准（15分）	碰撞检查及 BIM 优化后的图纸演示（5分）	演示中优化方案全面、准确、清晰，得 5 分；演示中优化方案符合相关规范要求，内容较全面翔实的，得 3 分；演示中优化方案符合要求较差，内容缺失或不完整的，得 1 分；不能进行碰撞演示的，得 0 分
	模拟进度管理演示（5分）	进度计划合理可行，能够以专业、楼层、流水段构建等维度进行动态模拟，模拟过程能动态展示施工任务信息，施工过程演示详细突出，得 5 分；进度计划合理可行，能够以专业、楼层、流水、流水段构建等维度进行动态模拟，模拟过程可以动态展示施工任务信息，得 3 分；进度计划合理可行，能够进行动态模拟，模拟过程动态展示施工任务信息情况一般，得 1 分；不能使用 BIM 展示模拟进度管理，得 0 分

续表

条款号	评分因素	评分标准
其他因素评分标准（15分）	质量安全管理应用演示（5分）	能结合本项目施工的重难点部位进行施工方案的模拟及优化管理，进行危险源的辨识及管理，内容能体现先进性，切实可行的，得 5 分；内容较完整，可行的，得 3 分；内容一般，不够完整的，得 1 分；不能进行演示的，得 0 分

③ 投标文件的澄清、说明。初步评审和详细评审阶段，评标委员会可以书面形式要求投标人对投标文件中不明确的内容进行书面澄清和说明，或者对细微偏差进行补正。

④ 评标结果。采取经评审的最低投标价法，评标委员会按照经评审的评标价格由低到高的顺序推荐中标候选人；采取综合评估法，评标委员会按照得分由高到低的顺序推荐中标候选人。评标委员会按照招标人授权，可以直接确定中标人。评标委员会完成评标后，应当向招标人提交书面评标报告。

采取的评标方法为综合评估法。其招标文件技术部分对使用 BIM 有如下要求。

① 三维 BIM 模型创建。根据招标人提供的本项目各专业施工图纸建立 BIM 模型，其内容包括土建专业和机电设备安装专业。

② 碰撞检查与优化。把各专业 BIM 模型进行合并，进行各专业设计图纸检查，提前发现图纸问题，查找机电各专业之间以及机电与建筑结构专业的冲突点，同时检查结构净高以及机电管线综合优化后净高是否满足要求，及时发现可能存在的问题并在施工之前调整设计，减少设计图纸自身错误或冲突导致的工程变更、现场签证。

③ 投标报价计算。根据 BIM 模型快速统计和查询各专业工程量，核实招标文件工程量清单，对材料计划、使用做精细化控制，避免材料浪费，做好投标报价。

④ 进度管理。把计划施工时间、实际施工时间与 BIM 模型相结合，及时发现施工进度偏差，优化工程进度计划。

⑤ 质量安全管理应用。利用移动设备配合监理单位对现场质量安全进行管理控制。

⑥ 竣工阶段应用。工程竣工后，完善提交竣工模型，竣工模型在运营管理阶段的使用。

评标过程现场要进行碰撞检查及 BIM 优化后的图纸演示，模拟进度管理、质量安全管理应用演示。

评标除了现场演示外，采用电子评标，其中技术标为暗标。现场演示时，各家只能显示编号，不能显示投标人的名称，否则作为废标处理。

2.3.3.5 合同条款及格式

招标文件中应明确招标人与中标人之间签订的主要合同条款及采用的合同文本格式。《民法典》第七百九十五条规定：施工合同的内容一般包括工程范围、建设工期、中间交工工程的开工和竣工时间、工程质量、工程造价、技术资料交付时间、材料和设备供应责任、拨款和结算、竣工验收、质量保修范围和质量保证期、相互协作等条款。对于 BIM 施工项目，在签订合同时还要注意明确 BIM 软件及 BIM 有关文件的归属权。

合同条款是招标文件的重要内容。施工招标文件中载明的合同主要条件是双方签合同的依据，一般不允许更改。

2.3.4 采用 BIM 招投标编写招标文件的注意事项

（1）关于工程量清单的修改问题

在工程量清单环境下招标，招投标人分别承担工程中的风险。招标人承担工程量的风险，投标人承担价格的风险。在招标人计算工程量清单的时候，如果没有在招标文件中注明处理方式，则所有的后果由招标人承担。因此，招标人在编制招标文件的时候，一定要注意对工程量处理方式的说明。如果招标人的设计图纸为 BIM 图纸（由设计单位完成），招标人提供的工程量清单准确程度较高，仅是由投标人承担价格的风险。如果招标人的设计图纸为普通图纸，在招标文件中要求投标人使用 BIM 进行图纸深化设计，投标人应在 BIM 优化设计的基础上审核工程量清单，招标人应该在招标文件中对工程量的修改有明确的规定。

（2）招标方式的选择问题

施工项目招标的方式有公开招标和邀请招标两种方式。在招标人对 BIM 要求比较高，而能够承担项目施工要求的投标人又比较少的情况下，可以采用邀请招标方式。

（3）关于联合体投标的方式

招标人在招标文件中，对于联合体投标必须有明确的规定，包括是否允许联合体投标，联合体投标的资质、管理方式、责任承担等方面的要求等，如施工单位与 BIM 软件设计开发单位组成的联合体的规定和要求等。

（4）发包方式

从发包承包的范围、承包人所处的地位和合同计价方式等不同的角度，可以对工程招标发包承包方式进行不同分类。在编制招标文件前，招标人必须综合考虑招标项目的性质、类型和发包策略，招标发包的范围，招标工作的条件、具体环境和准备程度，项目的设计深度、计价方式和管理模式，以及便利发包人、承包人等因素，适当地选择拟在招标文件中采用的招标发包承包方式。

（5）关于评标方式的问题

由于施工项目招投标一般都采用电子标的方式进行，由于一些地区的评标设备及网络系统的限制，BIM 演示可能会受限。因此，可以根据当地的实际情况，采用两阶段评标方式，即 BIM 演示以外的部分采用电子评标方式，而针对 BIM 演示采用现场演示的方式。

（6）关于评标专家的组成问题

由于 BIM 招投标的评标、技术标的评审，涉及的不仅是工程技术方面的问题，还有对 BIM 软件的使用及解决的工程实际问题的问题，这就要求评标专家中必须有对 BIM 软件比较了解的技术人员，因此招标文件中必须明确评标专家中技术专家组成的规定和要求。

（7）软件的使用和归属问题

招标文件中要明确规定中标人在工程项目实施过程中使用的 BIM 软件，包括优化设计的 BIM 图纸、工程进度、质量等管理的 BIM 软件或平台，使用 BIM 软件归档的竣工验收资料及后续的保存问题等的权属问题。

（8）其他问题

为了控制造价，减少在施工过程中及竣工结算时发生额外的费用和索赔，招标人要在招标文件中明确要求投标人应通过设计文件、施工图、现场踏勘及对周围环境的自行调查等资料，充分了解可能发生的情况和一切费用，包括市政、市容、环保、交通、治安、绿化、消防、土方外运、水文、地质、气候、地下障碍物清除等各种影响因素和费用，以及 BIM 软件或平台的开发及使用等各分项单列报价，并汇入总报价。

对于有关工程质量、工期、费用结算方法等主要的合同条款一定要列在招标文件中，中标后再谈容易引起争议和反复。另外，招标人在招标文件中确定的投标有效期要留有一定的余量，以免因为意外事件延期而给招标工作造成被动。

2.4　BIM 工程量清单及招标控制价的编制

《建设工程工程量清单计价规范》（GB 50500—2013）2012 年 12 月 25 日发布，2013 年 7 月 1 日起执行。《建设工程工程量清单计价规范》是我国建设工程现阶段采用的计价依据，在建设工程发包阶段、承包阶段和实施阶段必须遵守该规范。招标阶段的工程量清单编制与招标控制价编制是招标阶段的重要工作，是工程建设全过程造价控制的前期准备工作。

2.4.1 工程量清单

（1）工程量清单的概念

① 工程量清单。是载明建设工程分部分项工程项目、措施项目、其他项目的名称和相应数量以及规费、税金、项目等内容的明细清单。

② 招标工程量清单。是招标人依据国家标准招标文件、设计文件以及施工现场实际情况编制的，随招标文件发布供投标报价的工程量清单，包括说明和表格。招标工程量清单应由具有编制能力的招标人或受其委托、具有相应资质的工程造价咨询人编制。

③ 分部分项工程。是单项或单位工程的组成部分，是按结构、部位、路段长度及施工特点或施工任务，将单项或单位工程划分为若干分部的工程。

④ 分项工程。是分部工程的组成部分，是按不同施工方法、材料、工序及路段长度等将分部工程划分为若干个分项或项目的工程。

⑤ 措施项目。是为完成工程项目施工，发生于该工程施工准备和施工过程中的技术、生活、安全、环境保护等方面的项目。

（2）工程量清单的编制方法

在招标阶段，最早的算量模式都是采用人工的方式计算，后来改用广联达、鲁班等软件计算导出，但是都是建立在平面图纸的基础上计算工程量，与实际工程偏差往往较大。招标过程中，工程量清单编写的精准度是整个招投标过程高效顺利的关键，是招标文件最重要的组成部分。由于二维的施工图设计的质量问题以及编制人员的专业性和协调问题，我国目前的招标文件中提供的工程量清单可能存在一些技术问题，如丢项漏项、工程量偏差巨大、清单的项目特征描述模糊不清等。由此得出的招标控制价也会存在一定的误差，给招投标双方都带来了一定的风险。

BIM 技术具有可视化、协同化、参数化、模拟性、优化性等特点，有效解决了目前工程量清单及招标控制价编制时存在的一些问题。招标人对于项目有了更直观的认识，参建多方协同管理，及时调整与优化项目存在的问题，确保工程量清单与招标控制价的科学性与合理性，更贴合工程实际，工程项目信息也更公开透明。BIM 技术快速发展，可以利用软件自动核算工程量，并按照编制人的具体要求和项目的具体情况对工程量进行自定义分类汇总。

（3）编制工程量清单的 BIM 模型来源

就解决模型的来源而言，基于 BIM 的招标控制价编制方法需要的模型必须是符合一定标准的，必须满足工程量计算规则、进行计价等所需的必要信息等。一般包括四种基本模式：设计单位直接提供模型模式、业主自有 BIM 团队的全过程模式、招标代理机构 BIM 咨询模式以及参与投标的施工单位提供模式。

① 设计单位直接提供模型模式。设计部门创建的建筑工程 BIM 模型可以直接供招标人使用，招标人将 BIM 模型通过插件导入到各专业的 BIM 算量软件中，进行软件的自动计算。由于在设计阶段已经通过了碰撞优化，模型的准确率与实际情况高度一致，从而计算出来的工程量的准确率极高，同时也避免发生了漏项现象，降低了后期施工出现的设计变更、签证索赔等纠纷。

② 业主自有 BIM 团队的全过程模式。业主自主模式指业主方自主组建自己专属的 BIM 团队，负责在项目的实施过程中对有关 BIM 技术的应用处理。业主自主模式也有其自身的优缺点，优点就是业主有自己的 BIM 团队直接参与项目建设，可以根据自身需要合理调整规划设计以及对未来的运营有更好的帮助。缺点就是业主组建自己的 BIM 团队成本较高，因为一个优秀的 BIM 团队不但要求有较好的硬件设备，还对 BIM 人才的培养和公司各部门与 BIM 团队的协调沟通有较高的要求，所以组建 BIM 团队对业主而言，无论是资金成本还是技术和组织能力都有较高的要求。业主自有 BIM 团队模式如图 2-1 所示。

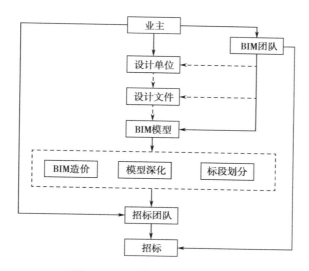

图 2-1 业主自有 BIM 团队模式

③ 招标代理机构 BIM 咨询模式。很多 BIM 咨询公司不但能够提供 BIM 技术咨询服务业务。也提供了基于 BIM 的招投标服务。业主将项目的招投标和 BIM 技术咨询服务交给一家 BIM 咨询公司，这样可以减少由于部门间沟通不顺畅带来的问题，也可以节约大量工作时间，提高工作效率。BIM 咨询公司需对业主进行基础 BIM 技术应用培训，方便业主以后对建设项目实施和运营维护。BIM 咨询公司对二维图纸进行翻模，并对建筑的能耗、环境、设备等的一系列性能进行能耗分析和碰撞检测，确保建设项目的正常实施和以后的运营工作。招标

代理机构 BIM 咨询模式如图 2-2 所示。

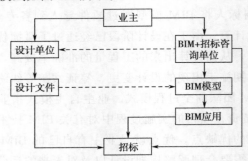

图 2-2　招标代理机构 BIM 咨询模式

④ 参与投标的施工单位提供模式。有些项目由于业主的原因，无法使用 BIM 编制工程量清单，仅用常规方法编制非 BIM 工程量清单，施工项目招标文件中要求投标人使用 BIM 进行深化设计并修改工程量清单进行投标报价，这种情况在第 3 章中进行阐述。

2.4.2　招标控制价

招标控制价是招标人根据国家以及当地有关规定的计价依据和计价办法、招标文件、市场行情，并按工程项目设计施工图纸等具体条件调整编制的，对招标工程项目限定的最高工程造价也称最高投标限价。

（1）招标控制价的有关规定

① 国有资金投资的建设工程招标，招标人必须编制招标控制价。

② 招标人必须编制招标控制价作为投标人的最高投标限价，以及招标人能够接受的最高交易价格。

③ 国有资金投资的工程项目原则上不能超过批准的投资概算，招标控制价超过批准的概算时，招标人应将其报原概算审批部门审核。

④ 招标控制价是招标人在工程招标时能接受投标人报价的最高限价，投标人的投标报价不能高于招标控制价，否则其投标将被拒绝。

⑤ 招标控制价应由具有编制能力的招标人或受其委托具有相应资质的工程造价咨询人编制，工程造价咨询人不得同时接受招标人和投标人对同一工程的招标控制价和投标报价的编制。

⑥ 招标控制价应在招标文件中公布，不应上调或下浮。

（2）招标控制价的编制基础及内容

招标控制价的编制必须在用 BIM 编制工程量清单的基础上进行。招标控制价的编制内容包括以下几点。

①分部分项工程费。为使招标控制价与投标报价所包含的内容一致，综合单价中应包括招标文件中招标人要求投标人承担的风险内容及其范围（幅度）产生的风险费用，可以风险费率的形式进行计算。招标文件提供了暂估单价的材料，应按暂估单价计入综合单价。

②措施项目费。应依据招标文件中提供的措施项目清单和拟建工程项目的施工组织设计进行确定。可以计算工程量的措施项目，应按分部分项工程量清单的方式采用综合单价计价；其余的措施项目以项为单位的方式计价，应包括除规费、税金外的全部费用。

③其他项目费。包括暂列金额和暂估价。暂列金额应按招标工程量清单中列出的金额填写；暂估价中的材料、工程设备单价、控制价应按招标工程量清单列出的单价计入综合单价。

④规费和税金。必须按国家或省级、行业建设主管部门规定的标准计算，不得作为竞争性费用。

由于招标控制价是在工程量清单的基础上编制而成，使用 BIM 编制的工程量清单，套用系统中当地的人、材、机等费用后，自动生成招标控制价。BIM 编制的工程量清单的准确性，也保证了招标控制价的真实可靠。

2.4.3　BIM 工程量清单及招标控制价的编制过程

对于 BIM 模型的建立方式，现在最常见的情况是两种。

① 用最基础的方法直接按照 CAD 图纸重新建立 BIM 模型。

② 先将 CAD 图纸以电子文件形式导入 BIM 软件，再利用软件提供的识图转图功能建立三维模型。

在此之后，直接复用并导入 BIM 模型，生成 BIM 算量模型，该方法是数据流失最少的方式。

BIM 工程量清单及招标控制价的编制过程如图 2-3 所示。

通过对设计文件创建的工程建筑、结构、给排水、电气及暖通 BIM 模型，经过碰撞优化，模型的准确率与实际情况高度一致，从而计算出来的工程量的准确率极高，同时也避免发生漏项现象，降低了后期施工出现的设计变更、签证索赔等纠纷。

2.4.4　BIM 工程量清单及招标控制价的编制案例

某项目建筑面积 23000m²，为某省在建的商业项目，其中一号楼单项工程含一层半地下室，地面三层，建筑面积 1710m²。结构形式为钢筋混凝土异形柱-框

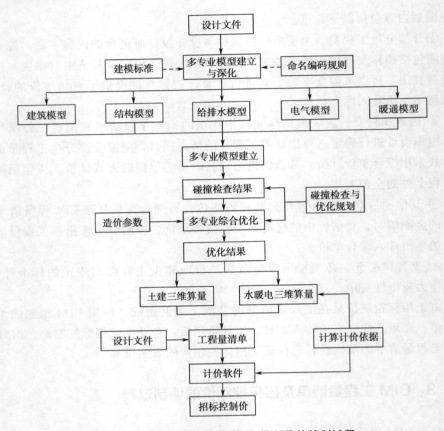

图 2-3　BIM 工程量清单及招标控制价的编制过程

架结构，二层局部托梁转化，抗震等级四级，基础及主体使用等级为 C30 现浇混凝土。

　　根据《房屋建筑与装饰工程工程量计算规范》（GB 50854—2013）中的清单项目列项并计算工程量，根据《建设工程工程量清单计价规范》（GB 50500—2013）的规定计算综合单价，最后编制拦标价。这一阶段招标人编制造价文件需要使用 BIM 模型快速计算工程量。本工程先运用广联达 BIM 软件搭建三维模型，并经过碰撞检查（由设计院完成），建立好的三维模型导入广联达土建算量平台 GTJ2018 中计算工程量，使用广联达云计价平台内置的清单项目和定额的消耗量标准、费用标准等得出工程量清单。

2.4.4.1　使用广联达 GTJ2018 算量平台计算出工程量

　　需要说明的是，算量软件建立的模型可以直接导入 BIMMAKE 建模软件，所以全过程造价管理的初始模型也可以是由广联达算量软件建立的算量模型。

（1）建立广联达算量模型

无论是 REVIT 还是 BIMMAKE 等建模软件计算工程量时只考虑构件自身的实体量，但用于计算工程造价的工程量时需要根据计算清单定额的计算规则来计算，广联达 GTJ2018 内置了各地的计算规则。建立算量模型时可以手动建模，也可以通过软件自带的识别 CAD 图纸功能来快速建立模型，衰减最低的模式是在导入 Revit 或 BIMMAKE 之前建立完成三维模型来计算工程量。下面以识别 CAD 图纸的方式来建立算量模型。

① 新建工程后选择相应的计算规则，建立楼层来进行竖向空间划分。

② 识别轴网，进行水平定位。建立轴网可以手动建立，也可以通过识别 CAD 图快速建立，GTJ2018 对各种正交轴网、弧形轴网、组合轴网的识别率都可达到 95% 以上。

建立轴网是建立算量模型的第一步，起到水平定位的作用。轴网只用在其中一个楼层建立，在其他的楼层都可见、可使用、可修改，极大地减少建模的工作量。

③ 识别柱子，计算柱子混凝土量、模板量、钢筋量等。常见的结构设计中，高层的商住建筑物竖向承重构件一般包括框架柱和剪力墙，其中剪力墙中会设暗柱，计算柱的工程量需要输入柱的尺寸信息、钢筋信息和高度、混凝泥土强度等级等信息。

算量软件可以将钢筋信息和尺寸信息同时输入或同时识别，一次建模就可以计算所有需要的工程量，比如混凝土的体积、钢筋的重量、模板的面积、脚手架的面积等。GTJ2018 软件在识别柱子时可以通过识别柱大样快速识别复杂的暗柱信息，CAD 识别建立柱算量模型速度很快，准确度很高。

④ 识别梁，计算框架梁混凝土量、模板工程量、梁内的钢筋量等。梁中钢筋种类较多，手动计算麻烦，初学者往往记不住钢筋的种类和各种钢筋的平法计算规则，利用软件计算梁的钢筋只需要正确输入量的钢筋信息，软件就能准确计算各种钢筋的长度和根数，而且还可以显示钢筋三维样式，帮助造价人员直观感受实际钢筋排布效果。建立完成的梁模型如图 2-4 所示。

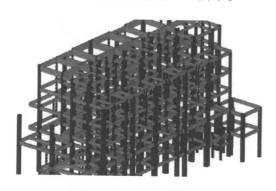

图 2-4　建立完成的梁模型

⑤ 识别板，计算现浇板板混凝土量、板底模量、板内钢筋量等。

识别板钢筋之前需先识别板，或手动点画板图元。图 2-5 为绘制完成的板三维模型。

坡屋面板不仅可以直观显示，也可以精确算量

图 2-5   绘制完成的板三维模型

计算板工程量较为复杂的是要与梁的工程量有扣减，主梁需要套取单梁定额，但次梁需要同板的体积合并计算成有梁板，在使用 BIM 算量软件计算工程量时，可以根据输入梁板的属性来提取所需工程量，可以根据自己的需求来组合工程量，在算量平台中更改模型数据，重新计算后即得出新工程量。

板负筋数量多且属性各不相同，需要使用算量软件的 CAD 识别功能来快速建立模型，计算工程量。GTJ2018 对板钢筋的识别速度和准确度非常高。

⑥ 识别墙、门窗洞。墙的体积量需要与门窗洞相互扣减，可以使用识别墙的功能快速建立墙模型，再使用识别门窗洞、墙洞功能绘制门窗等。墙可以与绘制完成的柱、梁、门窗自动根据内置计算规则扣减，得出相应计算规则下的工程量。整楼砌体墙及门窗洞如图 2-6 所示。

图 2-6   整楼砌体墙及门窗洞

⑦ 识别房间，计算装修工程量。常见住宅的内部装修需计算楼地面工程量、墙面装修工程量、天棚吊顶工程量等，每个装修构件的计算规则不尽相同，计算方法也各不相同，但地面、墙面装饰材料价格很贵，往往需要精确计算。各室内空间的装修样式也会常常发生变化，造价人员可能需要重复计算。

使用软件的房间功能绘制室内装修，可以通过一次绘制将所有室内装修附着在一个房间内，根据计算规则扣减分部计算工程量。发生装修变更时可以直接刷新房间属性来更改装修材料的附着，无论设计如何更改都可以快速准确计算工程量。

⑧ 识别基础、自动生成垫层、土方工程量。基础构件可以通过识别 CAD 绘制模型，而基础以下的垫层及开挖土方可以根据基础的尺寸和属性自动生成，非常快捷方便，建立完成的模型快速汇总即可出量。

（2）查看、使用工程量结果

软件提供多种方案量的代码，可按需求自由使用或组合查看工程量可以查看单个图元的计算公式、随意多个构件工程量、楼层工程量，也可以通过报表查看整栋楼工程量，报表查看时可以根据设定的楼层、构件范围查看工程量，也可以根据不同的工程量代码组合使用工程量。使用工程量的方式多种多样，可以满足造价人员不同的工作需求。使用广联达 GTJ2018 建立的算量模型如图 2-7 所示。

图 2-7　使用广联达 GTJ2018 建立的算量模型

综上所述，使用 BIM 模型计算工程量有很多优势：软件内置了清单规范，可形成完整的工程量清单；清单、定额的计算规则已设置好，造价人员不用记忆计算规则，软件根据构件图元绘制情况自动扣减，并同时使用，同一个模型可以得出两种计算规则的工程量；软件提供了多个工程量代码，可以自由组合提取工程量；GTJ2018 极大地改善 CAD 识别功能，如果设计方提供的是二维的 CAD 图纸，也可以快速准确建模。

2.4.4.2　使用广联达云计价平台计算工程量清单单价，取费、汇总计算招标控制价

BIM 技术本身就是信息化集成的工具，将建筑设计表现为三维模型，再将模

型导入造价软件进行算量，从而计算出各分部分项的工程量，进而有定额数据等可以计算出需要的相关人、材和机械等的需求量。应用云技术来连接不同地区建材市场的相应价格、厂家、距离等信息，可以有效地计算整个建筑与各分部分项工程细部的工程量以及相应的综合单价。使用广联达计价软件编制清单并计算综合单价如图 2-8 所示。

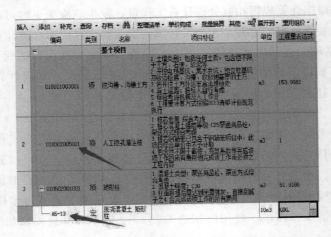

图 2-8　使用广联达计价软件编制清单并计算综合单价

在当前的建筑大市场下，竞争越来越激烈，各地方和各企业都需要建立属于自己的大数据信息库，然后进行数据交换和共享获得共赢。建立企业自身的大数据信息库时要包含两个方面：一是要把国家、行业和企业标准放到信息库里，比如清单、定额和常用材料及其价格等；二是关于工程的信息库，将之前做过的工程及其有关造价的信息输入进去，比如工程的概预算和结算等，方便为后续工程提供帮助。

第 3 章
施工项目投标过程 BIM 应用

施工项目投标是投标人施工单位针对招标人的要约邀请，以明确的价格、期限、质量等具体条件，向招标人发出要约，通过竞争获得建设工程项目的活动。投标人在响应招标文件的前提下，对项目提出报价、填制投标函，在规定的期限内报送招标人，参与该项工程竞争及争取中标。此处的投标人指法人，即取得营业执照和相应资质的施工单位（承包商）。

3.1　采用 BIM 技术施工项目投标的程序

施工项目招标投标活动中投标人最重要的活动就是参与施工项目的投标。投标人投标的程序主要包括以下几点。

① 获取工程招标信息、进行投标决策。

② 参加资格预审。

③ 购领招标文件和有关资料，缴纳投标保证金。

④ 组织投标班子。

⑤ 分析投标文件。

⑥ 进行现场踏勘和参加投标预备会。

⑦ 计算、复核清单工程量。

⑧ 市场调查、询价。

⑨ 编制、递送投标书。

⑩ 参加开标会议、现场 BIM 演示及接受澄清询问。

⑪ 接受中标通知书，签订合同，提供履约担保，分送合同副本。

具体的施工项目投标工作程序如图 3-1 所示。

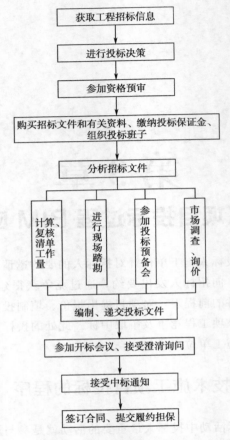

获取工程招标信息

↓

进行投标决策

↓

参加资格预审

↓

购买招标文件和有关资料、缴纳投标保证金、组织投标班子

↓

分析招标文件

计算、复核清单工作量　进行现场踏勘　参加投标预备会　市场调查、询价

↓

编制、递交投标文件

↓

参加开标会议、接受澄清询问

↓

接受中标通知

↓

签订合同、提交履约担保

图 3-1　施工项目投标工作程序

3.1.1　获取工程招标信息、进行投标决策

获取招标信息和投标决策是投标前期进行的主要工作。

（1）获取招标信息

目前投标人获取招标信息的渠道很多。通过大众媒体发布的招标公告获取招标信息是当前最主要的渠道，如各省市的建设工程信息网、政府采购网、招标投标监管网等国家指定的信息网络和报纸等媒介发布的招标公告等。

（2）投标决策

承包商的投标决策是在确定其所获取的招标信息真实、可靠后，针对所获项目信息与自身实力、当前任务量等本企业情况比较后，作出是否投标的决策，就是解决投标过程中的对策问题。决策贯穿竞争的全过程，对于招标投标过程的各个主要环节，都必须及时作出正确的决策，才能取得竞争的全胜，达到中标的目的。投标决策分为前期采用 BIM 技术施工项目投标和普通的施工项目投标。与普通的施工项目投标有所不同，前期采用 BIM 技术施工项目投标不仅需要投标企业具有施工项目组织、管理和生产的能力，还要求企业具有一定数量的 BIM 人才，而且要求这些 BIM 工程师兼有懂得施工技术和管理的能力，能够针对投标项目，使用 BIM 软件实施施工项目的过程管理。

投标决策主要包括以下 3 个方面的内容。

① 针对项目招标是投标还是不投标。

② 倘若投标，组建什么样的团队。

③ 投标中如何采用正确的策略和技巧，达到中标的目的。

3.1.2　参加资格预审

投标人在获悉招标公告或投标邀请后，应当按照招标公告或投标邀请书中所提出的资格审查要求，向招标人申报资格审查。资格审查包括资格预审和资格后审。资格预审是投标人投标过程中的第一关。

资格预审是指在招标过程中对潜在投标人比较多的招标项目，招标人组织审查委员会对资格预审申请人的投标资格进行预先审查，确定有资格参与投标的投标人名单。我国施工项目招标中，在允许投标人参加投标前一般都要进行资格预审。BIM 施工项目招标的资格预审文件一般包括：投标人工商营业执照、组织机构代码证、税务登记证（三证合为一证）、施工企业资质、安全生产许可证；项目经理是否符合招标文件的要求；近三年完成工程的类似 BIM 施工项目情况；目前正在履行的 BIM 施工项目合同情况；企业财务状况；拟投入的主要人员是否满足招标文件的要求；施工机械设备情况；三年来涉及的诉讼案件情况；各种奖励或处罚资料；与本合同资格预审有关的其他资料。如是联合体投标应填报联合体每一成员的以上资料。

投标人申报资格预审应当按招标人的要求，积极准备和提供有关资料，并做好信息跟踪工作，及时补充不足，争取通过资格预审，获得投标资格。经招标人审查合格的投标申请人具备参加投标的资格。

3.1.3　购买招标文件和有关资料、缴纳投标保证金

投标人经资格预审合格后，便可向招标人申购招标文件和有关资料，同时要缴纳投标保证金。投标保证金是为防止投标人对其投标活动不负责任而设定的一种担保形式，是招标文件中要求投标人向招标人缴纳的一定数额的金钱。缴纳办

法应在招标文件中说明，并按招标文件的要求进行，投标保证金可以采用现金，也可以采用支票、银行汇票，还可以是银行出具的保函。银行保函的格式应符合招标文件提出的格式要求。其额度根据工程投资大小由业主在招标文件中确定。在国际上，投标保证金的数额较高，一般设定为投资总额的 1%～5%。而我国的投标保证金数额则普遍较低，不超过招标项目估算价的 2%，且最高不得超过 80 万元人民币。

3.1.4 组织投标班子

投标人在通过资格审查、购领了招标文件和有关资料之后，就要按招标文件确定的投标准备时间着手开展各项投标准备工作。投标准备时间是指从开始发放招标文件之日起至投标截止时间止的期限，由招标人根据工程项目的具体情况确定，一般为 28 天之内。BIM 施工项目招标投标班子一般应包括下列 3 类人员。

（1）经营管理类人员

这类人员一般是从事工程承包经营管理的人员，熟悉工程投标活动的筹划和安排，具有相当的决策水平。

（2）专业技术类人员

这类人员是从事各类专业工程技术的人员，如 BIM 工程师、建造师、结构工程师、造价工程师等。

（3）商务金融类人员

这类人员是从事有关金融、贸易、财税、保险、会计、采购、合同、索赔等项工作的人员，还可以委托投标代理人。

投标班子的主要职责是：分析招标信息，办理、通过招标文件所要求的资格审查；参加招标人组织的有关活动；提供当地物资、劳动力、市场行情及商业活动经验，提供当地有关政策法规咨询服务，熟悉 BIM 建模及有关软件的使用，做好投标书的编制工作；研究投标技巧，递交投标文件或网络平台提交电子投标文件，争取在竞标中取胜；在中标时，办理各种证件申领手续，做好有关承包工程的准备工作。

3.1.5 分析招标文件

取得招标文件之后，投标人应认真阅读招标文件中的所有条款。注意明确招标文件中对投标报价的方式、质量、工期、BIM 软件使用的方面、进行项目管理的要求、是否有现场演示要求等以及投标过程中的各项时间安排。同时要对招标文件中的合同各项条款、无效标书的条件等重点内容进行认真分析，明确对 BIM

软件的归属权问题的要求，理解招标文件中隐含的含义。对可能发生的不清楚或者发生疑义的地方，应向招标人以书面形式提出。

3.1.6　进行现场踏勘、参加投标预备会

投标人取得招标文件后，应进行全面细致的调查研究。若有疑问或不清楚的问题需要招标人予以澄清和解答的，应在收到招标文件后的 7 天内以书面形式向招标人提出。投标人在进行现场踏勘之前，应先仔细研究招标文件有关概念含义和各项要求，特别是招标文件中的工作范围、对 BIM 软件解决施工问题的要求、专用条款以及提供的是 BIM 设计图纸还是 CAD 图纸和说明等，然后有针对性地拟订出踏勘提纲，确定重点和要澄清、解答的问题，做到心中有数。投标人参加现场踏勘的费用，由投标人自己承担。招标人一般在招标文件发出后，就着手考虑安排投标人进行现场踏勘等准备工作，并在现场踏勘中对投标人给予必要的协助。投标人进行现场踏勘的内容主要包括以下几点。

① 工程的范围、性质以及与其他工程之间的关系。

② 投标人参与投标的那一部分工程与其他承包商或分包商之间的关系。

③ 现场地貌、地质、水文、气候、交通、电力、水源等情况，有无障碍物等。

④ 进出现场的方式，现场附近有无食宿条件、料场开采条件、其他加工条件、设备维修条件等。

⑤ 现场附近治安情况。

投标预备会又称答疑会、标前会议，一般在现场踏勘之后的 1～2 天内举行。答疑会的目的是解答投标人对招标文件和在现场中所提出的各种问题，并对图纸进行交底及进一步 BIM 深化设计的要求等。

3.1.7　计算、复核清单工程量

在现阶段我国进行 BIM 施工项目投标时，工程量有两种情况。

一种情况是招标文件编制时，招标人依据设计单位给出 BIM 三维图纸，通过广联达、鲁班等造价软件，导出具体的工程量清单，供投标人报价使用。在此种情况下，投标人在进行投标时，应该根据 BIM 施工图纸等资料对施工图进行深化设计，对给定的 BIM 工程量清单进行复核，为投标人进行报价提供依据。在工程量清单复核过程中，如果发现某些工程量有遗漏或者出入较大，应当向招标人提出，要求招标人及时补充或更正。

另一种情况是招标人不给出具体的工程量清单，只提供相应的 2D 施工图纸，投标人进行报价之前，需要使用 BIM 建模、碰撞检查等深化设计，然后使用

BIM 模型计算工程量。注意计算过程中不能漏项、少算或多算。

3.1.8 市场调查、询价

投标报价是编制投标文件时一个很重要的环节。为了使所确定报价准确，投标人在进行投标时应认真调查了解工程所在地的人工工资标准，材料价格、来源、运输方式，机械设备租赁价格等市场信息，为准确进行报价提供依据。

收集工程项目成本价格资料是为了掌握本企业的最低承受价格，只有掌握了这些基础资料，为以后的投标报价提供参考依据，才能根据企业的承受能力进行合理决策，从而避免因低价中标给企业带来损失。应特别注意对工程成本价格资料进行收集，并定期对收集到的资料进行汇总整理，整理出完整的《项目成本价调查表》和《项目工料机单价调查表》，供本系统相关人员参考。

3.1.9 编制、递交投标文件

以上各项工作完成之后，投标人可以着手编制 BIM 投标文件。投标人编制投标文件时，应当严格按照招标文件的格式、顺序和内容要求进行。其中施工组织设计部分是投标文件里极其重要的内容，包括按照招标文件的要求，施工过程中 BIM 软件及管理平台的设计和使用等。投标文件编写全部完成后，应当按照招标文件所规定的时间、地点提交投标文件。如果是电子标，要按照要求的时间节点提前上传好投标文件。

（1）投标文件内容要求

《招标投标法》第二十七条规定：“投标文件应当对招标文件提出的实质性要求和条件作出响应。”实质性要求和条件是指招标项目的价格、项目进度计划、技术规范、合同的主要条款等。投标文件必须对其作出响应，不得遗漏、回避，更不能对招标文件进行修改或提出任何附带条件。对于建设工程施工招标，投标文件还应包括拟派出的项目负责人与主要技术人员的简历、业绩和拟用于完成工程项目的机械设备等内容。投标人拟在中标后将中标项目的部分非主体、非关键性工作进行分包的应在投标文件中载明。

《招标投标法》第二十九条规定：“投标人在招标文件要求提交投标文件的截止时间前，可以补充、修改或已提交的投标文件，并书面通知招标人。补充、修改的内容为投标文件的组成部分。”

（2）投标时间的要求

《招标投标法》第二十八条规定：“投标人应在招标文件要求提交投标文件的截止时间前，将投标文件送达投标地点。”“在招标文件要求提交投标文件的截止时间后送达的投标文件，招标人应当拒收。"因此，以邮寄方式送交投标文件的，投标人应留出足够的邮寄时间，以保证投标文件在截止时间前送达。另外，如发生地点方面的错送、误送，其后果皆由投标人自行承担。投标人对投标文件的补充、修改、撤回通知，也必须在所规定的投标文件的截止时间前，送达规定地点。

（3）投标行为的要求

对于投标中各方的行为，《招标投标法》也有明确的规范要求。

① 保密要求。由于投标是一次性的竞争行为，为保证其公正性，就必须对当事人各方提出严格的保密要求。投标文件及其修改、补充的内容都必须以密封的形式送达，招标人签收后必须原样保存，不得开启。对于标底和潜在投标人的名称、数量以及可能影响公平竞争的其他有关招标投标的情况，招标人都必须保密，不得向他人透露。

② 合理报价。《招标投标法》第三十三条规定："投标人不得以低于成本的价格报价、竞标。"投标人以低于成本的价格报价，是一种不正当的竞争行为。一旦中标，必然会采取偷工减料、以次充好等非法手段来避免亏损，以求得生存，必须予以禁止。但投标人从长远利益出发，放弃近期利益，不要利润，仅以成本价投标，这是合法的竞争手段，法律是予以保护的。这里所说的成本，是以社会平均成本和企业个别成本来计算的，并要综合考虑各种价格差别因素。

③ 诚实信用。从诚实信用的原则出发，《招标投标法》规定："投标人不得相互串通投标；也不得与招标人串通投标，损害国家利益、社会公共利益和他人合法利益；还不得向招标人或评标委员会成员行贿以谋取中标。""不得以他人名义投标或以其他方式弄虚作假、骗取中标。"

《工程建设项目施工招标投标办法》还对投标人相互串通投标及投标人与招标人串通投标的具体表现行为作出了规定，第四十六条规定：投标人之间相互约定抬高或压低投标报价；投标人之间相互约定，在招标项目中分别以高、中、低价位报价；投标人之间先进行内部议价，内定中标人，然后再参加投标；投标人之间其他串通投标报价行为，均属投标人串通投标报价行为。第四十七条规定：招标人在开标前开启投标文件并将有关信息泄露给其他投标人，或者授意投标人撤换、修改投标文件；招标人向投标人泄露标底、评标委员会成员等信息；招标人明示或暗示投标人压低或抬高标价；招标人明示或暗示投标人为特定投标人中标提供方便；招标人与投标人为谋求特定中标人中标而采取的其他串通行为，均属投标人与招标人串通投标行为。

3.1.10　参加开标会议、接受澄清询问

投标人在编制、递交了投标文件后，要积极准备出席开标会议。按照国际惯

例，投标人不参加开标会议的，视为弃权，其投标文件将不予启封、不予唱标、不允许参加评标。投标人参加开标会议，要注意其投标文件是否被正确启封、宣读，对于被错误地认定为无效的投标文件或唱标出现的错误，应当场提出异议。

在评标期间，评标组织要求澄清投标文件中不清楚问题的，投标人应积极予以说明、解释、澄清。澄清一般可以采用向投标人发出书面询问，由投标人书面作出说明或澄清的方式，也可以采用召开澄清会的方式。澄清会是评标组织为有助于对投标文件的审查、评价和比较，而个别地要求投标人澄清其投标文件（包括单价分析表）而召开的会议。在澄清会上，评标组织有权对投标文件中不清楚的问题向投标人提出询问。有关澄清的要求和答复，最后均应以书面形式进行。说明、解释、澄清的问题，经招标人和投标人双方签字后，作为投标书的组成部分。在澄清会中，投标人不得更改标价、工期等实质性内容，开标后和定标前提出的任何修改声明或附加优惠条件一律不得作为评标的依据，但评标组织按照投标须知规定，对确定为实质上响应招标文件要求的投标文件进行校核时发现的计算错误除外。

由于施工项目招投标近几年采用电子方式，网上进行比较多，有好多项目由于疫情的原因，开标也采取网上进行，开标会议环节也变成了网上开标。

3.1.11　接受中标通知书、签订合同、提供履约担保

经评标，投标人被确定为中标人后，应接受招标人发出的中标通知书。未中标的投标人有权要求招标人退还其投标保证金。中标人收到中标通知书后，应在规定的时间和地点与招标人签订合同。在合同正式签订之前，应先将合同草案报招标投标管理机构审查。经审查后，中标人与招标人在规定的期限内签订合同。结构不太复杂的中小型工程一般应在 7 天以内，结构复杂的大型工程一般应在 14 天以内，按照约定的具体时间和地点，根据《民法典》等有关规定，依据招标文件、投标文件的要求和中标的条件签订合同。

按照招标文件的要求，相互提交履约保证金或履约保函，招标人同时退还中标人的投标保证金。中标人如拒绝在规定的时间内签订合同和提交履约担保，招标人报请招标投标管理机构批准同意后取消其中标资格，按规定不退还其投标保证金，并考虑在其余投标人中重新确定中标人，与之签订合同，或重新招标。中标人与招标人正式签订合同后，应按要求将合同副本分送有关主管部门备案。

3.2　BIM 技术施工项目投标文件的编制与递交

施工项目投标文件是招标人判断投标人是否参加投标的依据，也是评标委员

会评审和比较的对象。中标的投标文件和招标文件一起成为招标人和中标人订立合同的法定根据。因此，投标人必须高度重视施工项目投标文件的编制和提交工作。

施工项目投标文件是工程投标人单方面阐述自己相应招标文件要求，旨在向招标人提出愿意订立合同的意思表示，是投标人确定、修改和解释有关投标事项的各种书面表达形式的统称。

3.2.1　BIM 技术施工项目投标文件的编制依据

① 国家（工程所在地区）有关法律、法规、制度及规定。

② 全套普通施工图或建设单位提供的 BIM 施工图纸，施工现场地质、水文、地上情况的有关资料。

③ BIM 招标文件及主要内容。主要包括：招标补充、修改、答疑等技术文件；执行的定额标准及取费标准；所在地区人工、建材、施工机械政策调整文件；质量必须达到国家标准，对于质量要求高于国家标准的应记取补费用；如果工期比定额工期短较多，应计算赶工期措施费；发包人对中标人使用 BIM 软件及有关平台进行项目管理的要求，以及发包人的招标倾向、会议记录。

④ 施工规划（施工组织设计）。施工组织中的工序安排、资源组织、平面布置、进度计划等工作宜应用 BIM 技术。

⑤ 施工风险。施工风险是施工企业组织从事生产经营活动中存在的各种风险。

⑥ 市场建材、劳动力等价格信息。

⑦ 企业定额。施工企业根据本企业的施工技术和管理水平，以及有关工程造价资料制定的，并供本企业使用的人工、材料和机械台班消耗量标准。企业定额只在企业内部使用，是企业素质的一个标志。企业定额水平一般应高于国家现行定额才能满足生产技术发展、企业管理和市场竞争的需要。

⑧ 计划利润。计划利润是按国家规定的计划利润率计算的利润。施工企业的计划利润按基价定额直接费、其他直接费、现场经费、间接费之和为基础计算。

⑨ 竞争态势预测。

3.2.2　BIM 技术施工项目投标文件的组成

（1）采用 BIM 技术施工项目投标文件必须符合的条件

施工项目投标人应按照招标文件的要求编制投标文件。从合同订立过程分析，招标文件属于要约邀请，投标文件属于要约，其目的在于向招标人提出订立合同的意愿。投标文件作为一种要约，必须符合的条件有：投标人在投标文件中必须明确向招标人表示愿以招标文件的内容订立合同的意思；必须对 BIM 招标文件提出的实质性要求和条件作出相应（包括技术要求、投标报价要求、评标标准等），不得以低于成本的报价竞标；必须由有资格的投标人编制；投标人有满足招标文件要求的 BIM 工程师或者 BIM 软件公司作为联合投标人；必须按照规定的时间、地点递交给招标人，否则该投标文件将被招标人拒绝。

（2）BIM 技术施工项目投标文件的内容

BIM 投标文件是由一系列有关投标方面的书面资料（或电子资料）组成的。一般来说，BIM 技术施工项目投标文件由以下内容组成：投标函及投标函附录；法定代表人身份证明或附有法定代表人身份证明的授权委托书；联合协议书；投标保证金；已标价的 BIM 工程量清单与报价表；使用 BIM 编制的施工组织设计；项目管理机构；拟分包计划表；资格审查表（资格预审的不采用）；对招标文件中的合同协议条款内容的确认和响应以及 BIM 招标文件规定提交的其他资料。

（3）BIM 投标文件表格格式

投标人必须使用招标文件提供的投标文件表格格式，但表格可以按同样格式扩展。下面参考几个主要格式。

① 投标函、投标函附表及价格指数权重表。

投标函

_____（招标人名称）：

1. 我方已仔细研究了_____（项目名称）_____标段施工招标文件的全部内容，愿意以人民币（大写）_____元（¥_____）的投标总报价，工期_____日历天，按合同约定实施和完成承包工程，修补工程中的任何缺陷，工程质量达到_____。

2. 我方承诺在投标有效期内不修改、撤销投标文件。

3. 随同本投标函提交投标保证金一份，金额为人民币（大写）_____元（¥_____）。

4. 如我方中标，完成以下几点。

（1）我方承诺在收到中标通知书后，在中标通知书规定的期限内与你方签订合同。

（2）随同本投标函递交的投标函附录属于合同文件的组成部分。

（3）我方承诺按照招标文件规定向你方递交履约担保。

（4）我方承诺在合同约定的期限内完成并移交全部合同工程。

5. 我方在此声明所递交的投标文件及有关资料内容完整、真实和准确，且不存在《中华人民共和国标准施工招标文件（2017 年版）》第二章"投标人须知"第 1.4.3 项规定的任何一种情形。

6. ＿＿＿＿＿＿＿＿＿＿＿＿＿＿（其他补充说明）。

投标人：＿＿＿＿＿＿＿＿＿＿＿＿（盖单位章）

法定代表人或其委托代理人：＿＿＿＿＿（签字）

电话：＿＿＿＿＿＿＿＿＿＿＿＿＿＿＿＿

传真：＿＿＿＿＿＿＿＿＿＿＿＿＿＿＿＿

投标人地址：＿＿＿＿＿＿＿＿＿＿＿＿

邮政编码：＿＿＿＿＿＿＿＿＿＿＿＿＿

日期：＿＿＿＿＿年＿＿＿＿月＿＿＿＿日

投标函附表见表 3-1，价格指数权重表见表 3-2。

表 3-1　投标函附表

工程名称：＿＿＿＿＿＿＿（项目名称）＿＿＿＿＿＿标段

序号	项目内容	合同条款号	约定内容	备注
1	项目经理	1.1.2.4	姓名：＿＿＿＿	
2	工期	1.1.4.3	＿＿＿＿日历天	
3	缺陷责任期	1.1.4.5		
4	承包人履约担保书金额	4.2		
5	分包	4.3.4	见分包项目情况表	
6	逾期竣工违约金额	11.5	＿＿＿＿元/天	
7	逾期竣工违约金最高限额	11.5	＿＿＿＿元	
8	质量标准	13.1		
9	价格调整的差额计算	16.1.1	见价格指数权重表	
10	预付款金额	17.2.1		
11	预付款保函金额	17.2.2		
12	质量保证金扣留百分比	17.4.1		
13	质量保证金额度	17.4.1		

表 3-2　价格指数权重表

名称		基本价格指数		约定内容			价格指数来源
		代号	指数值	代号	允许范围	投标人建议值	
定值部分				A			
变值部分	人工费	F_{o1}		B_1	＿＿＿至＿＿＿		
	钢材	F_{o2}		B_2	＿＿＿至＿＿＿		
	水泥	F_{03}		B_3	＿＿＿至＿＿＿		
	其他						
合　　计						1.00	

② 法定代表人身份证明或附有法定代表人身份证明的授权委托书。

法定代表人身份证明

投标人名称：_____

单位性质：_____

地　址：_____

成立时间：_____ 年 _____ 月 _____ 日

经营期限：_____

姓名：_____ 性别：_____ 年龄：_____ 职务：_____

　　系_____（投标人名称）的法定代表人。

特此证明。

投标人：_____（盖单位章）

日期：_____ 年 _____ 月 _____ 日

授权委托书

本人 _____（姓名）系 _____（投标人名称）的法定代表人，现委托 _____（姓名），身份证号：_____为我公司代理人，代理人根据授权，以本公司的名义签署、澄清、说明、补正、递交、撤回、修改_____（招标项目名称）_____标段施工投标文件、签订合同和处理有关事宜，其法律后果由我方承担。

委托期限：_____

代理人无转委托权。

附：法定代表人身份证明。

投标人：_____（盖单位章）

法定代表人：_____（签字）

身份证号：_____

委托代理人：_____（签字）

身份证号：_____

日期：_____ 年 _____ 月 _____ 日

③ 联合协议书。包括联合体成员名称、牵头人、双方的签字盖章等内容。

联合协议书

_____（所有成员单位名称）自愿组成_____（联合体名称）联合体，共同参加_____（项目名称）_____标段施工投标。现就联合体投标事宜订立如下协议。

1. _____（某成员单位名称）为_____（联合体名称）牵头人。

2. 联合体牵头人合法代表联合体各成员受责本招标项目投标文件编制和合

同谈判活动，并代表联合体提交和接收相关的资料、信息及指示，并处理与之有关的一切事务，负责合同实施阶段的主办、组织和协调工作。

3. 联合体将严格按照招标文件的各项要求，递交投标文件，履行合同，并对外承担连带责任。

4. 联合体各成员单位内部的职责分工如下_____。

5. 本协议书自签署之日起生效，合同履行完毕后自动失效。

6. 本协议书一式_____份，联合体成员和招标人各执一份。

注：本协议书由委托代理人签字的，应附法定代表人签字的授权委托书。

牵头人名称：_____（盖单位章）

法定代表人或其委托代理人：_____（签字）

成员二名称：_____（盖单位章）

法定代表人或其委托代理人：_____（签字）

日期：_____年_____月_____日

④ 投标保证金。其格式样式很多，下面为常用格式中的一种。

投标保证金

_____（招标人名称）：

鉴于_____（投标人名称）（以下简称"投标人"）于_____年_____月_____日参加（项目名称）_____标段施工的投标，_____（担保人名称，以下简称"我方"）无条件地、不可撤销地保证：投标人在规定的投标文件有效期内撤销或修改其投标文件的，或者投标人在收到中标通知书后无正当理由拒签合同或拒交规定履约担保的，我方承担保证责任。收到你方书面通知后，在 7 日内无条件向你方支付人民币（大写）_____元（¥_____）。

本保函在投标有效期内保持有效。要求我方承担保证责任的通知应在投标有效期内送达我方。

担保人名称：_____（盖单位章）

法定代表人或其委托代理人：_____（签字）

电话：_____

传真：_____

投标人地址：_____

邮政编码：_____

日期：_____年_____月_____日

⑤ 已标价的 BIM 工程量清单与报价表。当招标文件要求投标书需附报价计算书时，应附上投标报价表。表格的样式应按照招标文件的格式要求填报。

⑥ BIM 技术施工组织设计。BIM 技术施工组织设计的内容要按照 BIM 招标文件的要求编制。表格的样式应按照招标文件的格式要求填报。对于招标文件要求需要评标现场进行 BIM 演示的，要按照要求进行演示。

⑦ 项目管理机构。项目管理机构组成见表 3-3，包括项目管理人员的姓名、职务、职称、证书、养老保险等信息。

表 3-3　项目管理机构组成

姓名	职务	职称	执业或职称证明					备注
			证书名称	级别	证号	专业	养老保险	

⑧ 拟分包计划表。拟分包项目计划见表 3-4。

表 3-4　拟分包项目计划

分包人名称		地址	
法定代表人		电话	
营业执照		资质等级	
拟分包的工程项目	主要内容	预计造价/万元	已做过的类似工程

⑨ 资格审查表（资格预审的不采用）。资格审查表主要是指对投标人的企业概况、在建工程情况、竣工工程情况等的审查。表格的样式应按照招标文件的格式要求填报。

⑩ 对招标文件中的合同协议条款内容的确认和响应。该部分往往并入投标书或投标书附录。

⑪ 招标文件规定提交的其他资料。常见的有企业资信证明材料、企业业绩证明材料、项目经理简历及证明材料、项目部管理人员表及证明材料等。表格的

样式应按照招标文件的格式要求填报。

3.2.3　编制 BIM 技术施工项目投标文件的一般步骤

① 编制 BIM 技术施工项目投标文件的准备工作。

a. 组织投标班子，确定投标文件编制的人员。如果投标人有足够的能力和 BIM 工程师，可以自行参加投标；如果投标人没有足够的能力，可以组成联合体参与投标。

b. 熟悉 BIM 招标文件，仔细阅读投标须知、投标书附件等内容。对招标文件、图纸、资料等有不清楚、不理解的地方及时用书面形式向招标人询问、澄清。

c. 参加招标人组织的施工现场踏勘和答疑会。

d. 收集现行定额标准、取费标准及各类标准图集，并掌握政策性调价文件。

e. 调查当地材料供应和价格情况。

② 实质性响应条款的编制。包括对合同主要条款的响应、对提供资质证明的响应、对所采用技术规范的响应、对使用 BIM 的要求等。

③ 结合图纸和现场踏勘情况，复核、计算工程量。

④ 根据招标文件及工程技术规范要求，结合项目施工现场条件编制 BIM 施工组织设计和 BIM 投标报价书。

⑤ 仔细核对、装订成册，并按招标文件的要求进行密封和标志。如果是电子标，要按照平台的要求上传 BIM 电子投标文件。如果招标文件要求现场进行 BIM 演示，要按照要求进行。

3.2.4　BIM 技术施工项目投标文件的编写技巧

由于采用 BIM 技术施工项目投标文件既要体现投标方本身的技术能力、使用 BIM 进行项目管理的能力，又要说明投标方对该施工项目的技术方案和执行计划，这就使得内容十分繁杂、内容杂乱、层次不清的标书会使评标专家在评标的时候，依据招标文件对投标文件打分时扣分比较多，导致投标失败。因此，掌握 BIM 标书编写的技巧是必要的。

（1）BIM 技术施工项目投标文件编写中存在的问题

采用 BIM 技术施工项目投标，投标人通常在标书编写中存在的问题如下。

① 投标人对任何项目都反复使用投标方的一些标准文本，没有针对招标人的问题，没有充分满足招标人的需要。

② 投标人尽管在投标文件中的施工组织设计中使用了 BIM 进行项目管理，但是没有达到招标人的要求，或者平台建设及管理达不到招标人的要求。

③ 投标文件缺乏具体的执行方案,没有实质性的内容,仅有一些投标方的夸大性词语。

④ 投标人现场演示或答疑,没有针对性。

(2) BIM 技术施工项目标书编写技巧

BIM 投标文件不是一份技术报告,而是投标人向招标人推销自己的一份文件。其目的是让业主及评标委员会成员来认可、选择。因此,投标文件应突出以下几点。

① 仔细阅读招标文件中对投标人 BIM 软件使用的要求,是纸质标还是电子标,是否有 BIM 演示要求等。

② 提供的 BIM 业绩证明项目一定要按照招标文件的要求,提供中标通知书、合同及竣工验收证明资料。如果是项目经理业绩证明资料,中标通知书、合同或竣工验收证明资料上一定要有项目经理的名字。

③ BIM 软件的功能要符合招标文件的要求。

④ 施工组织设计中,要明确使用 BIM 解决的问题及方案。

⑤ 针对目标项目,体现企业的优势。

⑥ 招标文件要求评标现场 BIM 演示时,投标人要做好 3DMAX 渲染 BIM 模型,力求解决重点问题,提高管理水平。

⑦ 标书中要插入一些 BIM 模型图,用直观的 3D 视觉效果提高标书表现力。长沙市岳麓区大河西先导区梅溪湖核心区域如图 3-2 所示。

图 3-2 长沙市岳麓区大河西先导区梅溪湖核心区域

⑧ 重点施工方案和工艺视频化。

BIM 可根据工程实际情况和需要,对项目全过程进行模拟,并对施工作业人员进行技术交底,确保工程施工任务顺利完成。为方便理解,下面以高支模专项方案为示例进行阐述。

【示例】高支模专项方案施工模拟。首先,根据已建结构 BIM 模型设置检测标准,自动搜索需要制定高支模专项施工方案的部位,逐一制定具体方案。然后，根据输入的相关信息（如荷载、步距、支撑形式等）自动生成高支模初步方案，并进行荷载及受力分析计算，确保方案符合各项技术规范要求。根据方案提取工程量等信息，制定模板及支撑准备计划，模拟安装与拆除工艺过程生成视频，作为向作业人员进行施工技术交底和施工过程监管的依据。某工程局部模板支撑模拟如图 3-3 所示。

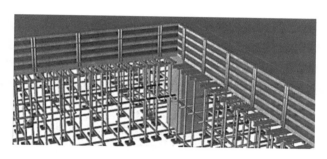

图 3-3　某工程局部模板支撑模拟

3.2.5　BIM 技术施工项目投标文件的编制要求

（1）一般要求

① 投标文件中的每一空白都须填写。如有空缺，则被认为放弃意见，如果因此被认为是对招标文件的非实质性响应，将会导致废标。如果是报价中的某一项或几项重要数据未填写，一般认为此项费用已包含在其他项单价和合价中，从而此项费用将得不到支付，投标人不得以此为由提出修改投标、调整报价或提出补偿等要求。

② 填报文件应当反复校对，保证分项、汇总、大写数字计算均无错误。

③ 递交的全部文件每页均须签字，如填写中有错误而不得不改，应在修改处签字。

④ 最好是用打字方式填写投标文件，或者用钢笔或碳素笔用正楷字填写。

⑤ 不得改变标书的格式，如原有格式不能表达投标意图，可另附补充说明。

⑥ 如果是纸质标，投标文件应当保持整洁，纸张统一，字迹清楚，装订美观大方，使评标专家从侧面认可投标企业的实力。如果是电子标，投标企业要按照平台上的要求，按照要求的内容和格式上传电子标，不要缺项和漏项。

⑦ 如果是纸质标，投标人在投标文件中应明确标明"投标文件正本"和"投标文件副本"及其份数，若投标文件的正本与副本不一致时，以正本为准。投标文件应加盖投标人法人公章和法定代表人或其委托代理人的印鉴。

⑧ 投标人要按照招标文件的要求，利用 BIM 技术，根据图纸快速地进行三维建模，并对图纸进行优化，得到有关工程量及造价信息，并与之前的造价数据结合，做出合理的投标报价，并且通过建立好的 BIM 模型，对施工全过程进行模拟、优化，提交竣工 BIM 模型，方便业主方进行运营维护。在进行投标展示时，采用一个更生动的方式进行。

（2）BIM 技术标编制的要求

由于技术标要求能让评标委员会的专家们在较短的时间内，发现标书的价值和独到之处，从而给予较高的评价，因此技术标编制应注意以下问题。

① 技术标编写要有针对性。实践中，许多标书为了"上规模"，将技术标做得很厚，而其内容多为对规范标准的成篇引用或对其他项目标书的成篇抄袭，因而使标书毫无针对性，该有的内容没有，无需有的内容却充斥标书。这样的标书常常引起评标专家的反感，因而导致技术标严重失分。

② 要充分理解招标文件要求。充分理解招标文件要求是做好技术标文件的第一步重要工作，分析招标文件中技术标评分标准、紧抓重点、并根据企业实际情况，研究确定 BIM 的应用点，充分利用 BIM 技术表现企业技术实力。

③ 技术标编写要做到全面性。评标办法中对技术标的评分标准一般都分为许多项目，并分别被赋予一定的评分分值。技术标内容不能发生缺项，否则缺项部分被评为零分会大大降低中标概率。比如基于 BIM 的场地布置、基于 BIM 的进度模拟、基于 BIM 的建筑及结构深化设计、基于 BIM 的机电深化设计、基于 BIM 的安全管理以及新技术应用及项目协同管理等，都要按照招标文件的要求编写。

④ 要体现技术的先进性。没有技术亮点、没有特别吸引招标人的技术方案，是不可能获得高分的。因此，标书编制时，投标人应仔细分析招标人的关注点，在这些点上采用先进的技术、设备、材料或工艺，使标书对招标人和评标专家产生更强的吸引力。

⑤ 注意实现的可行性。为了凸显技术标的先进性，切勿盲目提出不切实际的施工方案、设备计划。有的施工单位为了中标，在编写标书的时候，聘请了一些 BIM 技术人员，标书制作得很好并中标，但是中标后无法实现投标文件中的 BIM 过程管理，甚至导致建设单位或监理工程师提出违约指控。

⑥ 投标方案实施的经济性。施工方案的经济性直接关系到承包商的效益。另外，经济合理的施工方案能降低投标报价，使报价更有竞争力。

3.2.6 编制 BIM 技术施工项目投标文件应注意的问题

① 投标文件应按招标文件规定的格式编写。如有必要，可增加附页，作为投标文件组成部分。

② 投标文件应对招标文件有关工期、投标有效期、质量要求、技术标准和要求、招标范围等实质性内容作出全面具体的响应。

③ 纸质标的投标文件正本应用不褪色墨水书写或打印。

④ 投标文件签署。投标函及投标函附录、已标价工程量清单（或投标报价表、投标报价文件）、调价函及调价后报价明细目录等内容，应由投标人的法定代表人或其委托代理人逐页签署姓名（该页正文内容已由投标人的法定代表人或其委托代理人签署姓名的可不签署），并逐页加盖投标人单位印章或按招标文件签署规定执行。以联合体形式参与投标的，投标文件由联合体牵头人的法定代表人或其委托代理人按上述规定签署并加盖联合体牵头人单位印章。

⑤ 纸质标的投标文件装订。投标文件正本与副本应分别装订成册，并编制目录，封面上应标记"正本"或"副本"，正本和副本的份数应符合招标文件的规定。投标文件正本与副本都不得采用活页夹，并要求逐页标注连续页码。招标人或其委托的代理公司对由于投标文件装订松散而造成的丢失或其他后果不承担任何责任。

⑥ 投标人要注意招标文件中对投标人使用 BIM 的要求，要达到的目的、要解决的问题、是否建立共享平台等的要求等。

3.2.7　投标文件的递交

递送投标文件也称递标，是指投标人在招标文件要求提交投标文件的截止时间前，将所有准备好的投标文件密封送达到投标地点。如果是电子标，需要在规定的时间前，将电子标在平台上填好并提交。

（1）投标文件的密封与标志

① 投标人应将投标文件的正本和副本分别密封在内层包封内，再密封在一个外层包封内，并在内包封上注明"投标文件正本"或"投标文件副本"；在内层包封和外层包封口加封条密封，并在齐缝处加盖法人印章。

② 外层和内层包封上都应写明招标人和地址，合同名称、投标编号并注明开标时间以前不得开封。在内层包封上还应写明投标人的邮政编码、地址和名称，以便投标出现逾期送达时能原封退回。

③ 对于银行出具的投标保函，要按招标文件中所附的格式由公司业务银行开出，银行保函可用单独的信封密封，在投标致函内也可以附一份复印件，并在复印件上注明"原件密封在专用信封内，与本投标文件一并递交"。

（2）投标文件递交

投标人应在招标文件中规定的投标截止日期之前递交投标文件。因补充通知、修改招标文件而酌情延长投标截止日期的，招标人和投标人截止日期方面的全部权利、责任和义务将适用延长后新的投标截止日期。在递交投标文件后到投标截止时间之前，投标人可以对所提交的投标文件进行修改或撤回，但所递交的修改或撤回通知必须按招标文件的规定进行编制、密封和标志。递交投标文件不宜过早，以防市场和竞争对手的变化。

（3）BIM 3D 演示文件

招标文件中要求投标人必须在评标现场进行 BIM 动态演示的，演示文件也是投标文件的组成部分，只不过这部分文件在演示前不必与纸版文件一起递交，演示完后要与纸版文件一起归档。对于电子标，如果评标设备有足够的支持能力，BIM 3D 演示文件要与其他投标文件一起上传并提交，共同组成投标文件。

（4）投标人数量的要求

《招标投标法》第二十八条规定："投标人少于三个的，招标人应当依照本法重新招标。"当投标人少于三个时，就会缺乏有效竞争，投标人可能会提高承包条件，损害招标人利益，从而与招标目的相违背，所以必须重新组织招标，这也是国际上的通行做法。在国外，这种情况称为流标。

3.3　BIM 技术施工项目施工组织设计

对于建设工程的施工项目来说，投标文件中的一个重要组成部分就是施工组织设计。施工组织设计是投标文件中技术标的组成部分，其编制的质量好坏，直接关系到技术标的分值，对投标人是否中标的影响至关重要。

3.3.1　施工组织设计概述

（1）施工组织设计概念

施工组织设计是指导拟建工程施工全过程各项活动的技术、经济和组织的综合性文件，分为招投标阶段编制的施工组织设计和接到施工任务后编制的施工组织设计。前者的深度和范围都比不上后者。前者是初步的施工组织设计，如果中标再编制详细而全面的施工组织设计。初步的施工组织设计一般包括进度计划和施工方案等。也有学者认为前者仅能称为施工规划，其深度和广度都比不上施工组织设计。

评标委员会成员将根据施工组织设计的内容评价投标人是否能采取充分、合理的措施，从而保证按期完成工程施工任务。另外，编制一个进度安排合理、施工方案选择恰当的施工组织设计可以大大降低标价，提高竞争力。

（2）BIM 项目施工组织设计编制原则

① 认真贯彻国家对工程建设的各项方针和政策，严格执行建设程序。

② 科学地编制进度计划，严格遵守招标文件中要求的工程竣工及交付使用期限。

③ 遵循建筑施工工艺和技术规律，合理安排工程施工程序和施工顺序。

④ 在选择施工方案时，要积极采用新材料、新设备、新工艺和新技术，努力为新结构的推行创造条件；要注意结合工程特点和现场条件，使技术的先进适用性和经济合理性相结合；要符合施工验收规范、操作规程的要求，遵守有关防火、保安及环卫等规定，确保工程质量和施工安全。

⑤ 对于 BIM 实施目标作为 BIM 实施方案的开头，主要阐明项目实施采用 BIM 技术的原因，即对业主表达应用 BIM 技术能够带来的价值和效果，该部分的描述需要站在项目或者企业角度表达项目应用 BIM 的核心价值，要高大上，但不能假大空。

⑥ BIM 实施团队版块的编制需要根据招标文件要求以及实际项目需求综合考量，体现投标单位将为项目实施配备足够 BIM 技术人员提供服务，且明确每个 BIM 技术人员的岗位及主要职责。该版块是否有相应的标准。

⑦ 项目 BIM 实施软硬件配置板块的编制主要说明 BIM 实施过程所需的各类软件及电脑硬件配置两个方面，也可以加入中心服务器的简单描述。

⑧ BIM 应用价值点板块的编制需要根据投标项目的自身特点以及既往同类项目的情况，结合项目时间节点，选择最能发挥 BIM 价值点的板块进行编制和说明。

⑨ 对于那些必须进入冬季、雨期施工的工程项目，应落实季节性施工措施，保证全年施工生产的连续性和均衡性。

⑩ 尽量利用正式工程、已有设施，减少各种临时设施；尽量利用当地资源，合理安排运输、装卸与储存作业，减少物资运输量，避免二次搬运；精心进行场地规划布置，节约施工用地，不占或少占农田。

⑪ 必须注意根据构件的种类、运输和安装条件以及加工生产的水平等因素，通过技术经济比较，恰当地选择预制方案或现场浇注方案。确定预制方案时，应贯彻工厂预制与现场预制相结合的方针，取得最佳的经济效果。

⑫ 要贯彻"百年大计、质量第一"和预防为主的方针，制定质量保证的措施，预防和控制影响工程质量的各种因素。

⑬ 要贯彻安全生产的方针，制定安全保证措施。

（3）BIM 项目施工组织设计编制依据

施工组织设计应以工程对象的类型和性质、建设地区的自然条件和技术经济条件，以及企业收集的其他资料等作为编制依据，主要包括：工程施工 BIM 招标文件、BIM 工程量清单，以及开工、竣工的日期要求；施工组织总设计对所投标工程的有关规定和安排；施工图纸及设计单位对施工的要求；建设单位可能提供的条件，以及水、电等的供应情况；各种资源的配备情况，如机械设备来源、劳动力来源等；施工现场的自然条件、现场施工条件和技术经济条件资料；施工单位使用 BIM 软件的能力，以及有关现行规范、规程等资料。

（4）施工组织设计编制程序

施工组织设计是施工企业控制和指导施工的文件，必须结合工程实体，内容要科学合理。在编制前应会同各有关部门及人员，共同讨论、研究施工的主要技术措施和组织措施。

施工组织设计的编制程序如图 3-4 所示。

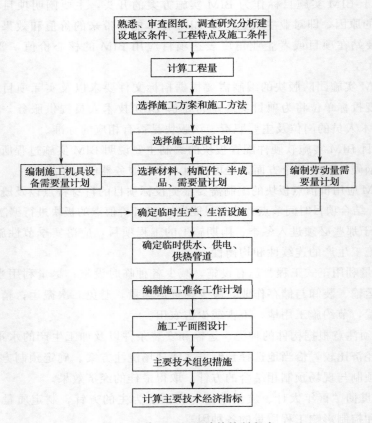

图 3-4　施工组织设计的编制程序

（5）施工组织设计的主要内容

投标文件中施工组织设计一般应包括：综合说明；施工方案及技术措施；施工现场平面布置图（投标人应递交一份施工总平面图，绘出现场临时设施布置图表并附文字说明，说明临时设施、加工车间、现场办公、设备及仓储、供电、供水、卫生、生活、道路、消防等设置的情况和布置）；质量保证体系及措施；施工进度计划和保证措施（包括网络进度计划、保障进度计划），施工机械设备的选用；劳动力及材料供应计划；安全生产、文明施工措施；环境保护、成本控制措施等主要内容。

另外，还可根据招标项目情况，列出承包人自行施工范围内拟分包的非主体和非关键性工作的材料计划和劳动力计划；成品保护和工程保修工作的管理措施和承诺；任何可能的紧急情况的处理措施、预案以及抵御风险的措施，对总包管理的认识以及对专业分包工程的配合、协调、管理、服务方案；与发包人、监理及设计人的配合；采用新技术、新工艺专利技术等内容。具体施工组织设计内容要根据招标文件的具体要求。

3.3.2　施工过程的场地布置

施工现场的布置是否合理关系到投标单位项目管理的效率的好坏。BIM 技术可以对现场布置进行可视化的设置，使其直观形象。利用 BIM 技术，可以把整个施工现场范围的空间进行合理的区分，如施工动态路线、材料集中放置区和加工区、施工人员的工作区和生活区等多个功能区域，临建设施的科学布置能保证施工过程的安全顺利和施工人员的生命安全，保证项目顺利进行。

施工现场的布置不是一成不变的，因为施工的各个阶段所需要的材料、机械不同，是一个动态的过程，并且每个阶段是密切结合的，相互影响。在投标人编制技术标时，利用 BIM 技术，对施工现场的布置呈现动态的、阶段化的 BIM 模型模拟，给决策人直观快速的判断，其方案是否合理。

3.3.3　5D 施工进度计划及造价、资源管理优化联动

技术标中除了投标报价是重点之外，其项目进度的管理也是重点考察的内容。合理科学的施工进度计划不仅能提高项目的施工效率、减少不必要的时间损失、更好地协调各参与者的工作进度，还能控制整个工程的造价、节省资源的消耗，因此施工进度计划的编制尤为重要。我国传统的施工进度计划是基于二维的平面设计图纸，采用各投标人的方式进行进度计划安排。由于传统的二维图纸对比实际工程成果有很大误差，所以编制的进度计划与实际情况相比，容易失去参考价值。

利用 BIM 技术可以方便并快捷地进行施工进度模拟、资源优化、预计产值和编制资金计划。通过进度计划与模型的关联，以及造价数据与进度关联，可以实现不同维度（空间、时间、流水段）的造价管理与分析，直观形象地把整个建造过程全面地展现出来，更好地帮助项目参与方掌握建筑过程中的时间和资金的动态变化及进度计划。

图 3-5 为某项目的施工现场布置模拟图与实际图对比，图 3-6 为基于 BIM 的整个施工项目进度模拟，图 3-7 为基于 BIM 的某建筑物施工进度模拟，图 3-8 为基于 BIM 5D 的成本动态管控示例。

（a）模拟图 　　　　　　　　　　　　　（b）实际图

图 3-5　某项目的施工现场布置模拟与实际对比

图 3-6　为基于 BIM 的整个施工项目进度模拟

图 3-7　基于 BIM 的某建筑物施工进度模拟

　　BIM 将三维模型和进度计划相结合，模拟出每个施工进度计划任务所需的资金和资源，形成进度计划对应的资金和资源曲线，便于选择更加合理的进度安排。

　　通过对 BIM 模型的流水段划分，可以按照流水段自动关联，快速计算出人工、材料、机械设备和资金等资源需用量计划。所见即所得的方式不但有助于投标单位制订合理的施工方案，还能形象地展示给发包人。

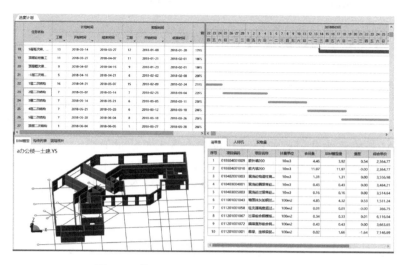

图 3-8 基于 BIM 5D 的成本动态管控示例

3.3.4 施工过程的专项施工方案

很多大型的复杂项目需要专项施工方案的确定。在传统的二维平面图中，这些施工方案都是通过文字形式描述的，不仅抽象，还容易被忽略。例如建筑脚手架模板方案，在传统的二维平面图中，技术人员往往依靠自身经验进行设计，采用传统施工工艺，缺少详细的深化设计，以致生产效率低下、质量安全问题频发、进度及成本管理控制困难，严重依赖劳务分包或工人，难以进行精细化管理。基于 BIM 技术的建筑脚手架模板方案，可以通过 BIM 技术，在招标文件中提供的 BIM 模型中，根据专业规范、实际现场情况、投标人经验等，自行设计最优的拼模设计方案，完成设计和配模工作，输出成果方案。也可以对不同的施工部位，不同的建筑类型输出成果方案。不仅是招标人直观形象地评价其专项方案的合理性，还能使投标人在后期施工下料更加准确，减少经济损失，而且技术交底时简单明了，图 3-9 为某项目脚手架的可视化交底。

图 3-9 某项目脚手架可视化交底

3.3.5 方便业主管理的运维 BIM 模型

工程竣工后，投标人向业主提供 BIM 竣工模型，这是一个全面的三维模型信息库，业主方可以根据各种条件快速检索相应资料，大大提升了物业管理能力。

BIM 技术在投标过程中的表现非常出色，同时也见证了 BIM 技术应用的全面性。BIM 技术将为建筑行业的科技进步产生无可估量的影响，大大提高建筑工程的集成化程度和参建各方的工作效率。同时，BIM 技术也将为建筑行业的发展带来巨大效益，使规划、设计、施工乃至整个项目全生命周期的质量和效益得到显著提高。

3.4 施工项目 BIM 投标文件施工组织设计案例

3.4.1 项目实施目标

本工程将为业主提供一个全方位的 BIM 服务，达到精细化管理、节省工期、节约成本、最终完成高品质和高标准的建设目标。BIM 实施目标及应用内容见表 3-5。

表 3-5 BIM 实施目标及应用内容

序号	BIM 目标	BIM 应用内容
1	加强项目设计及施工的协调	基于 BIM 模型完成施工图综合会审和深化设计
2	优化施工进度计划及流程	4D 施工模拟
3	可视化模型指导现场施工	基于 BIM 施工技术交底
4	理顺工作面交接计划	基于 BIM 细化工作面交接任务包
5	快速评估变更引起的成本变化	自动工程量统计
6	提升工厂制造质量	预制、预加工构件的数字化加工
7	对加工、制作、运输及安装跟踪管理	物料跟踪管理
8	为物业提供准确的工程信息	交付 BIM 竣工模型，提供建造工程中的相关信息

3.4.2 BIM 应用要求

（1）主要应用软件说明

主要应用软件说明见表 3-6。

表 3-6　主要应用软件说明

序号	BIM 功能	所需主要软件支持
1	基于 BIM 模型完成施工图综合会审和深化设计	Revit、NavisWorks、xsteel 软件
2	4D 施工模拟	NavisWorks 软件
3	通过模型进行施工技术交底	Revit、NavisWorks 软件
4	基于 BIM 细化工作面交接任务包	Revit、鲁班 BIM 软件
5	自动工程量统计	Revit、鲁班 BIM 软件
6	预制、预加工构件的数字化加工	Revit、xsteel 及其他软件
7	物料跟踪管理	Revit、xsteel、基于 rfid 的软件
8	交付 BIM 竣工模型，提供建造工程中的相关信息	合作研发的 FBIM 物业管理软件

（2）主要应用硬件说明

主要应用硬件说明见表 3-7。

表 3-7　主要应用硬件说明

序号	名称	配置要求	数量
1	计算机	Intel，酷睿 i7 3.4GHz CPU，16GB 内存，2T 硬盘，128bit 1024MB 显卡/微星 GTX560Ti 浩客，24in（1in＝0.0254m）LED 显示器，机箱 ATX，电源 DH6，罗技键鼠	每位 BIM 工程师 1 台
2	移动储存	500G 移动存储器	5
3	绘图仪	A0，600×600dpi	2
4	打印机	A3 彩色激光打印机	2
5	投影仪	高亮度、高分辨率	1
6	网络接入	广域网接入	1

（3）BIM 人员说明

企业自有 BIM 研究团队，将为项目设置 BIM 管理协调组，进驻 BIM 管理协调组长及土建 BIM 工程师等若干名，全面负责管理及协调各分包 BIM 工作进展，保障 BIM 目标的实现。企业自有 BIM 团队架构如图 3-10 所示。

（4）BIM 实施总体流程

首先制定 BIM 实施目标，根据拟定的目标组建 BIM 团队，熟悉 BIM 图纸并做好各项准备工作，建立 BIM 模型，包括土建、机电、钢结构、装修及其他模型，进行碰撞检查并对深化设计后的图纸进行图纸会审，并将合成的项目信息模型应用于施工组织设计。BIM 实施总体流程见图 3-11。

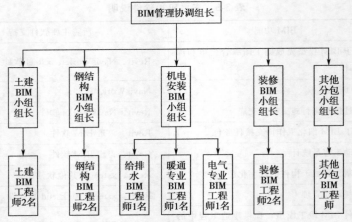

图 3-10 企业自有 BIM 团队构架

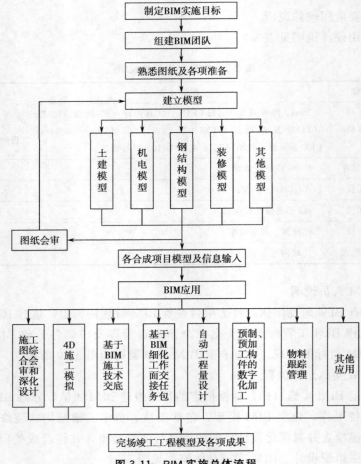

图 3-11 BIM 实施总体流程

3.4.3　BIM 应用具体说明

3.4.3.1　基于 BIM 模型完成施工图综合会审和深化设计

根据 BIM 招标文件的要求，施工组织设计中，施工图综合会审和深化设计是非常重要的一步，直接关系到后续施工过程中的设计变更及工程量的准确程度。

（1）施工图综合会审

会审方法如下。在建模过程中将发现本专业施工图纸间、本专业与其他专业间的图纸问题收集后反馈到设计院，解决诸如尺寸标注不清、现场无法施工、详图无法索引等问题。

（2）机电安装深化设计

① 深化设计流程。图 3-12 为整个深化设计流程图。

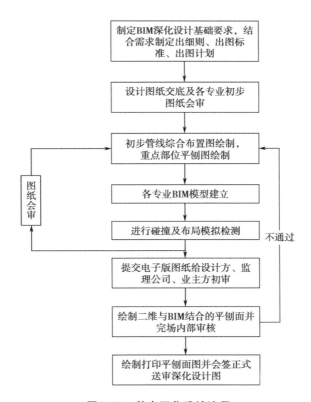

图 3-12　整个深化设计流程

② 深化设计要求。由于 BIM 模型需各专业进行配合，且专业构件数量较多，需进行分类及精度设置以保证模型的实用性。在满足精细程度要求和模型规划要求的前提下，再针对项目制订项目深化设计指南，编制各专业建模时构件的精细程度要求，以便具体深化设计应用，指导各专业完成深化设计工作。深化设计包括以下几点。

a. 管线综合优化。管线综合优化考虑管线排布逻辑关系、管线走向，将管线合理布置，提升整体管线高度，创造较好的空间感。通过优化设计建筑中的各类管件，达到节约管道及其弯头数量，并合理规划预留空洞和预埋管线，有效降低材料成本，实现节约增效的目的。图 3-13 为管线深化设计图。

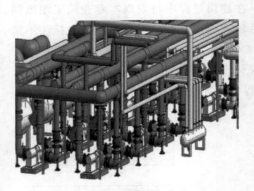

图 3-13　管线深化设计

b. 设备机房深化设计。在进行设备机房的深化设计时，要充分了解设备的实际尺寸以及维修安装空间，对设备的图纸进行详细研究，然后综合各专业进行设计。保证设备机房在满足需要的同时做到管线排列整齐、间距合理，尽量做到美观效果。

c. 室外市政管网优化。根据室外管网图纸建立室外场地三维模型，利用三维模型的可视化功能检测室外管网与市政接口的冲突，提出室外管网的设计冲突，调整冲突，并协助业主方、设计方根据碰撞检测报告提出施工图设计优化，并变更方案。

d. 碰撞检查。Revit 软件自带有碰撞检查的功能，可以实现对设计阶段建立的 BIM 模型进行碰撞检查的操作，并自动生成碰撞冲突报告。同时也提供了"显示"功能来准确定位模型中碰撞点的位置，以方便直接对碰撞点进行碰撞调整。在碰撞检查时，可以实现单专业碰撞检查和多专业碰撞检查，也可选择参与碰撞的构件类型，排除不需要参与碰撞的构件。要实现将整个项目所有碰撞都检测出来，就需要进行多次链接、多次运行碰撞检查才能实现"零碰撞"。图 3-14 为管线碰撞检查前后对照。

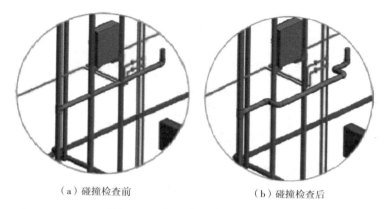

|（a）碰撞检查前|（b）碰撞检查后|

图 3-14　管线碰撞检查前后对照

（3）钢结构深化设计

钢结构深化设计要求如下。根据钢结构的设计图纸进行三维深化设计，在钢结构与其他专业冲突的地方运用模型进行碰撞检查，找出问题并修改后以三维图纸的模式出图，帮助现场进行构件的安装。图 3-15 为钢结构深化设计图。

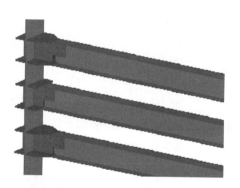

图 3-15　钢结构深化设计

（4）其他专业深化设计

根据其他专业的需求，在已合成的模型上为其提供三维设计、三维可视化、构件布置、工序搭接等方面的服务，为其进一步进行深化设计提供帮助。

3.4.3.2　4D 施工模拟

（1）施工模拟流程

施工模拟流程图如图 3-16 所示。

（2）施工模拟应用

利用 Navis Work 软件对场地布置、工期及相关主要施工工序进行模拟，复

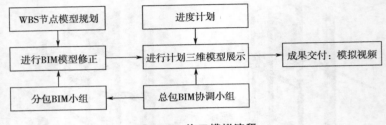

图 3-16 　施工模拟流程

合技术方案合理性，降低人为策划错误，优化工期，保证项目最优策划。

① 施工场地布置模拟。利用场地模型对施工临建进行三维设计，并将施工器械及临时堆场等载入到场地模型中，利用 NavisWorks 等软件进行动态的施工模拟，以判断场地布置是否合理。

② 施工进度模拟。利用 BIM 模型对施工进度模拟，能够随时掌握进度的超前还是滞后，及时调整施工进度，确保工程按时完工。

图 3-17 为地下室施工模拟，图 3-18 为地上结构施工模拟，图 3-19 为钢筋节点模拟。

图 3-17 　地下室施工模拟

图 3-18 　地上结构施工模拟

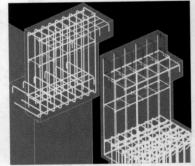

图 3-19 　钢筋节点模拟

③ 大型构件施工操作模拟。针对钢结构、机电安装、幕墙等大型构件建立

模型，在钢结构吊装、机电重点部位安装、幕墙安装等方面利用 NavisWork 的碰撞检查、模拟动画功能检查每项操作可能遇到的问题并进行方案优化。图 3-20 为大型构件施工操作模拟。

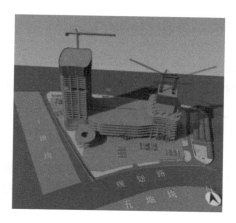

图 3-20 大型构件施工操作模拟

3.4.3.3 通过 BIM 模型进行施工技术交底

在施工方案、图纸变更、图纸会审及施工工序等技术交底中无法在二维图纸表示清楚的内容里加入三维图形，必要时进行三维定位，并搭配施工模拟视频进行施工技术交底，以保证信息传递的准确性。

3.4.3.4 工程量统计

（1）变更工程量计量流程

通过图纸会审、使用 BIM 软件进行深化设计及碰撞检查后，确定出准确的工程量，使原来的二维图纸工程量变更程序发生了变化。图 3-21 为变更工程量计量流程。

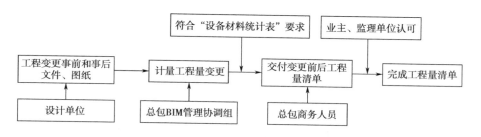

图 3-21 变更工程量计量流程

（2）自动工程量统计

① 利用明细表功能，在建模完成后自动统计出结构、建筑等数据库，导出后作为现场工程量的参考，为现场提供混凝土量、抹灰量等数据。

② 利用明细表功能，在建模完成后自动统计出机电构件数据库，导出后作为现场工程量的参考。

（3）变更成本计算

当出现图纸变更时，应尽快在原有模型的基础上进行变更修改，并在数据库中反映出变更后的成本，交技术人员与预算人员共同进行成本的快速分析。

3.4.3.5 基于 BIM 细化工作面交接任务包

（1）模型融合

将各专业分包模型通过转换口导入拟采用的 BIM 平台软件，在平台上进行模型的简化与分类，方便工作面交接时的模拟及工作包的链接。

（2）工作面交接管理

以工作计划为主线，在 BIM 平台软件里对模型工作面进行标注，梳理总包范围内与工作面交接相关的内容，并延伸到前项工序，以便对工作面交接进行系统的管理，达到每次工作面交接时能清晰明了地查到所需要完成的工作，以便真实控制进度。

（3）现场进度预警及纠偏

各分包共同制定各专业交接台账，与模型进行链接，并设置相应的现场进度预警系统和跟踪系统，对进度进行管理，及时进行进度滞后的纠偏工作，提高工程管理效率。

3.4.3.6 预制、预加工构件的数字化加工

对钢结构、安装等需要进行数字化加工的预制、预加工构件，在加工前提前进行结构建模与零构件拆分，然后进行模拟放样、下料，接着按照加工制作工艺方案进行模拟加工，要求模型应包含数字化加工所要求的各项技术参数，根据模型应快速生成数字化加工要求的工程表达图纸，最后对数字化加工过程进行评估总结。

数字化预加工可以用于对工人的技术交底及提前发现加工过程中的问题，对正式加工进行优化和指导正式加工。

3.4.3.7 对加工、制作、运输及安装跟踪管理

要求钢结构、安装、幕墙等分包商建立主要构件集，针对机电大型设备、钢结构重要部件、幕墙单元板块进行编码，在加工制作过程时即将编码输入，让其拥有唯一的条形码。利用物联网 rfid 技术，在加工、运输、现场等环节进行二维

条形码的扫描，将信息传入 BIM 模型中以掌握材料的制作、运输状况，帮助项目进行材料进度的把控。图 3-22 为 BIM 跟踪管理。

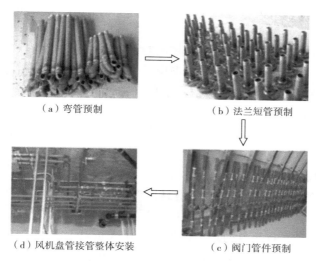

（a）弯管预制　　　　　　　　　　　（b）法兰短管预制

（d）风机盘管接管整体安装　　　　　　（c）阀门管件预制

图 3-22　BIM 跟踪管理流程

3.4.3.8　交付 BIM 施工项目竣工模型，提供项目施工中的相关信息

在工程竣工后，交付给业主的除了实体的建筑物外，还有一个包含详尽准确的工程信息的 BIM 竣工模型，为后续的项目运营提供基础。

BIM 竣工模型是一个全面的三维模型信息库，包括工程建筑、结构、机电等各专业相关模型，大量并准确的工程和构件信息，模型电子文件的形式要求长期保存。此竣工模型可以帮助业主进一步实现后续的物业管理和应急系统的建立，实现建筑物全生命周期的信息交换和使用管理。

BIM 竣工模型的新建、检核与修改均需耗费时间和精力，一般 BIM 竣工模型在施工初期已完成整体模型，但需要各专业的模型充分融合，施工中可能有的模型还要根据工程实际情况进行一些修改。施工过程中可先检核现场已完成部分，不需等待工程全部完成或 BIM 竣工模型全部建立后再检核所有 BIM 竣工模型与现场的差异，以减少 BIM 竣工模型修改范围。

（1）分阶段模型验收

工程模型分为结构模型、建筑模型、机电安装模型、各分包模型以及最终模型，进行分阶段验收。每个阶段都集中进行模型完整程度、信息正确率的评审，并将各阶段模型保存，最终交予业主一个完整的 BIM 竣工模型。

（2）信息模型的最终集成和验证

在工程实施过程中，运用 Revit 软件建造的 BIM 模型已基本成型，在形成竣工模型前应对信息模型进行最后的集成和验证。

① 组织各参建方编制完整竣工资料，整理作为 BIM 竣工模型的基础资料，涉及的模型信息包括以下内容：几何空间信息、技术信息、产品信息、建造信息和维保信息。

② 对工程各参建单位提供的信息完整性和精度进行审查，确保按本方案要求的信息已全部提供并输入到竣工模型中，包括所有过程变更信息。

③ 对工程各参建单位提供的信息准确性进行复核，除与实体建筑、基础资料进行核对外，还应对不同单位的信息进行相互验证。

④ 对竣工信息模型的集成效果进行检测，运用专业软件进行模拟演示，检查各种信息的集成状况。

（3）BIM 模型应用于运营维护

① 模型的使用和扩展。以竣工信息模型为依托制作立体的用户说明书，将模型中相关的信息进行集成，提取其中的关键内容编制培训大纲，在交付竣工模型后应对物业人员进行相应的培训，提高物业人员对 BIM 模型的掌握和使用熟练程度。在建筑物的生命周期内，应继续对竣工模型进行维护，将运营中产生的新信息输入到模型中，保证模型的数据丰富和及时响应。

利用模型和对应的传感设备的基于 BIM 的运维管理系统示意图如图 3-23 所示。

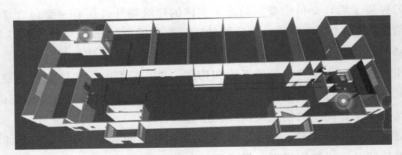

图 3-23　基于 BIM 的运维管理系统示意

在实际工作中，还经常利用物业管理简单使用说明书：使用移动设备扫描贴在设备上的二维码，获取该设备的相关信息，为维护人员提供支持。例如：在维护维修过程中，快速获取设备参数；在装修过程中，给装修工人提供帮助，使装修过程更加高效。图 3-24 为物业管理简单使用说明。

② 建筑系统分析。

a. 正常运行模式演示。对不同时间，如工作日、节假日、特别会议日等情况下建筑物运行模式进行演示，确定物业管理的安排和要求；对不同的机电工况，如空调系统的冬季、夏季等状况下建筑物的运行模式进行演示，确定物业管

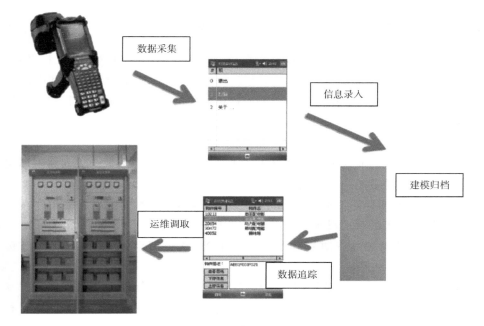

图 3-24　物业管理简单使用说明

理的安排和要求，以及主要机电系统操作次序。

　　b. 应急运行模拟。模拟在各种灾害状态下，评估建筑物的可能损害部位和程度，安全通道和疏散通道的保证措施，相应制定应急处理方案。

3.5　采用 BIM 技术的施工项目投标报价

　　工程报价是投标的关键性工作，也是整个投标工作的核心。工程报价不仅是能否中标的关键，而且在很大程度上对中标后的盈利多少起着决定性的作用。投标价应由投标人或受其委托的具有相应资质的工程造价咨询人编制。

3.5.1　采用 BIM 技术施工项目投标报价的费用构成

　　工程项目的投标报价应依据工程项目的建筑安装工程费来确定。根据《建筑安装工程费用项目组成》（建标〔2013〕44 号），建筑安装工程费用项目按费用构成要素组成划分为人工费、材料费、施工机具使用费、企业管理费、利润、规费和税金。按工程造价形成顺序划分为分部分项工程费、措施项目费、其他项目费、规费和税金。

3.5.1.1　按费用构成要素划分建筑安装工程费

建筑安装工程费按照费用构成要素划分：由人工费、材料（包含工程设备，下同）费、施工机具使用费、企业管理费、利润、规费和税金组成。其中人工费、材料费、施工机具使用费、企业管理费和利润包含在分部分项工程费、措施项目费、其他项目费中（图 3-25）。

（1）人工费

指按工资总额构成规定，支付给从事建筑安装工程施工的生产工人和附属生产单位工人的各项费用。内容包括以下几点。

① 计时工资或计件工资。指按计时工资标准和工作时间或对已做工作按计件单价支付给个人的劳动报酬。

② 奖金。指对超额劳动和增收节支支付给个人的劳动报酬。如节约奖、劳动竞赛奖等。

③ 津贴补贴。指为了补偿职工特殊或额外的劳动消耗和因其他特殊原因支付给个人的津贴，以及为了保证职工工资水平不受物价影响支付给个人的物价补贴。如流动施工津贴、特殊地区施工津贴、高温（寒）作业临时津贴、高空津贴等。

④ 加班加点工资。指按规定支付的在法定节假日工作的加班工资和在法定日工作时间外延时工作的加点工资。

⑤ 特殊情况下支付的工资。指根据国家法律、法规和政策规定，因病、工伤、产假、计划生育假、婚丧假、事假、探亲假、定期休假、停工学习、执行国家或社会义务等原因按计时工资标准或计时工资标准的一定比例支付的工资。

（2）材料费

指施工过程中耗费的原材料、辅助材料、构配件、零件、半成品或成品、工程设备的费用。内容包括以下几点。

① 材料原价。指材料、工程设备的出厂价格或商家供应价格。

② 运杂费。指材料、工程设备自来源地运至工地仓库或指定堆放地点所发生的全部费用。

③ 运输损耗费。指材料在运输装卸过程中不可避免的损耗。

④ 采购及保管费。指为组织采购、供应和保管材料、工程设备的过程中所需要的各项费用，包括采购费、仓储费、工地保管费、仓储损耗。

⑤ 材料包装费。指为了便于储运材料、保护材料，使材料不受损失而发生的包装费用，主要指耗用包装品的价值和包装费用。

（3）施工机具使用费

指施工作业所发生的施工机械、仪器仪表使用费或其租赁费。

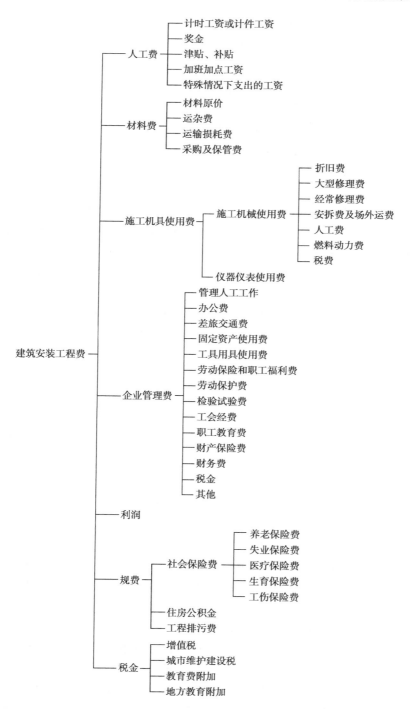

图 3-25　按费用构成要素划分建筑安装工程费

① 施工机械使用费。以施工机械台班耗用量乘以施工机械台班单价表示，施工机械台班单价应由下列 7 项费用组成。

a. 折旧费。指施工机械在规定的使用年限内，陆续收回其原值的费用。

b. 大修理费。指施工机械按规定的大修理间隔台班进行必要的大修理，以恢复其正常功能所需的费用。

c. 经常修理费。指施工机械除大修理以外的各级保养和临时故障排除所需的费用。包括为保障机械正常运转所需替换设备与随机配备工具附具的摊销和维护费用，机械运转中日常保养所需润滑与擦拭的材料费用及机械停滞期间的维护和保养费用等。

d. 安拆费及场外运费。安拆费指施工机械（大型机械除外）在现场进行安装与拆卸所需的人工、材料、机械和试运转费用以及机械辅助设施的折旧、搭设、拆除等费用；场外运费指施工机械整体或分体自停放地点运至施工现场或由一施工地点运至另一施工地点的运输、装卸、辅助材料及架线等费用。

e. 人工费。指机上司机（司炉）和其他操作人员的人工费。

f. 燃料动力费。指施工机械在运转作业中所消耗的各种燃料及水、电等。

g. 税费。指施工机械按照国家规定应缴纳的车船使用税、保险费及年检费等。

② 仪器仪表使用费。指工程施工所需使用的仪器仪表的摊销及维修费用。

（4）企业管理费

指建筑安装企业组织施工生产和经营管理所需的费用。内容包括以下几项。

① 管理人员工资。指按规定支付给管理人员的计时工资、奖金、津贴补贴、加班加点工资及特殊情况下支付的工资等。

② 办公费。指企业管理办公用的文具、纸张、账表、印刷、邮电、书报、办公软件、现场监控、会议、水电、烧水和集体取暖降温（包括现场临时宿舍取暖降温）等费用。

③ 差旅交通费。指职工因公出差、调动工作的差旅费、住勤补助费，市内交通费和误餐补助费，职工探亲路费，劳动力招募费，职工退休、退职一次性路费，工伤人员就医路费，工地转移费以及管理部门使用的交通工具的油料、燃料等费用。

④ 固定资产使用费。指管理和试验部门及附属生产单位使用的属于固定资产的房屋、设备、仪器等的折旧、大修、维修或租赁费。

⑤ 工具用具使用费。指企业施工生产和管理使用的不属于固定资产的工具、器具、家具、交通工具和检验、试验、测绘、消防用具等的购置、维修和摊销费。

⑥ 劳动保险和职工福利费。指由企业支付的职工退职金、按规定支付给离休干部的经费，集体福利费、夏季防暑降温、冬季取暖补贴、上下班交通补贴等。

⑦ 劳动保护费。企业按规定发放的劳动保护用品的支出。如工作服、手套、防暑降温饮料以及在有碍身体健康的环境中施工的保健费用等。

⑧ 检验试验费。指施工企业按照有关标准规定，对建筑以及材料、构件和建筑安装物进行一般鉴定、检查所发生的费用，包括自设试验室进行试验所耗用的材料等费用。不包括新结构、新材料的试验费，对构件做破坏性试验及其他特殊要求检验试验的费用和建设单位委托检测机构进行检测的费用，对此类检测发生的费用，由建设单位在工程建设其他费用中列支。但对施工企业提供的具有合格证明的材料进行检测不合格的，该检测费用由施工企业支付。

⑨ 工会经费。指企业按《工会法》规定的全部职工工资总额比例计提的工会经费。

⑩ 职工教育经费。指按职工工资总额的规定比例计提，企业为职工进行专业技术和职业技能培训，专业技术人员继续教育、职工职业技能鉴定、职业资格认定以及根据需要对职工进行各类文化教育所发生的费用。

⑪ 财产保险费。指施工管理用财产、车辆等的保险费用。

⑫ 财务费。指企业为施工生产筹集资金或提供预付款担保、履约担保、职工工资支付担保等所发生的各种费用。

⑬ 税金。指企业按规定缴纳的增值税、城市维护建设税及教育费附加等。

⑭ 其他。包括技术转让费、技术开发费、投标费、业务招待费、绿化费、广告费、公证费、法律顾问费、审计费、咨询费、保险费等。

（5）利润

指施工企业完成所承包工程获得的盈利。

（6）规费

指按国家法律、法规规定，由省级政府和省级有关权力部门规定必须缴纳或计取的费用。包括：社会保险费，包括养老保险费、失业保险费、医疗保险费、生育保险费及工伤保险费；住房公积金，是指企业按规定标准为职工缴纳的住房公积金；工程排污费：是指按规定缴纳的施工现场工程排污费；其他应列而未列入的规费，按实际发生计取。

（7）税金

指国家税法规定的应计入建筑安装工程造价内的营业税、城市维护建设税、教育费附加以及地方教育附加。

3.5.1.2　按造价形成划分建筑安装工程费

建筑安装工程费按照工程造价形成由分部分项工程费、措施项目费、其他项目费、规费、税金组成，分部分项工程费、措施项目费、其他项目费包含人工费、材料费、施工机具使用费、企业管理费和利润（图 3-26）。

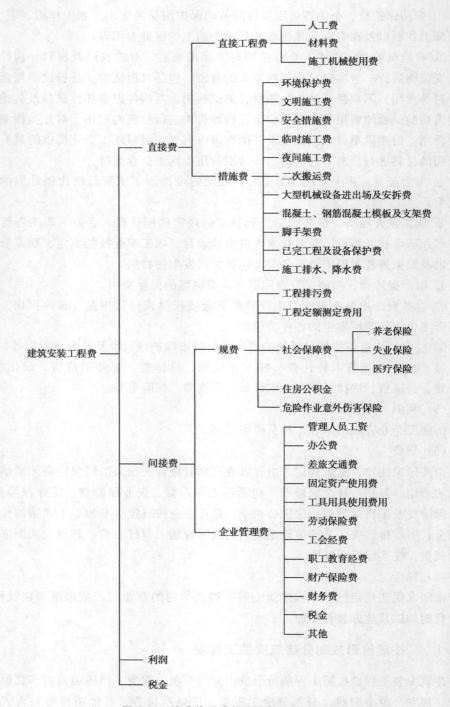

图 3-26 按造价形成划分建筑安装工程费

（1）分部分项工程费

分部分项工程费指各专业工程的分部分项工程应予列支的各项费用。内容包括以下几点。

① 专业工程费。指按现行国家计量规范划分的房屋建筑与装饰工程、仿古建筑工程、通用安装工程、市政工程、园林绿化工程、矿山工程、构筑物工程、城市轨道交通工程、爆破工程等各类工程费用。

② 分部分项工程费。指按现行国家计量规范对各专业工程划分的项目，如房屋建筑与装饰工程划分的土石方工程、地基处理与桩基工程、砌筑工程、钢筋及钢筋混凝土工程等的费用。

各类专业工程的分部分项工程划分见现行国家或行业计量规范。

（2）措施项目费

措施项目费指为完成建设工程施工，发生于该工程施工前和施工过程中的技术、生活、安全、环境保护等方面的费用。内容包括以下几点。

① 安全文明施工费。包括环境保护费、文明施工费、安全施工费、临时设施费。

② 夜间施工增加费。指因夜间施工所发生的夜班补助费、夜间施工降效、夜间施工照明设备摊销及照明用电等费用。

③ 二次搬运费。指因施工场地条件限制而发生的材料、构配件、半成品等一次运输不能到达堆放地点，必须进行二次或多次搬运所发生的费用。

④ 冬雨季施工增加费。指在冬季或雨季施工需增加的临时设施、防滑、排除雨雪，人工及施工机械效率降低等费用。

⑤ 已完工程及设备保护费。指竣工验收前，对已完工程及设备采取的必要保护措施所发生的费用。

⑥ 工程定位复测费。指工程施工过程中进行全部施工测量放线和复测工作的费用。

⑦ 特殊地区施工增加费。指工程在沙漠或其边缘地区、高海拔、高寒、原始森林等特殊地区施工增加的费用。

⑧ 大型机械设备进出场及安拆费。指机械整体或分体自停放场地运至施工现场或由一个施工地点运至另一个施工地点，所发生的机械进出场运输及转移费用及机械在施工现场进行安装、拆卸所需的人工费、材料费、机械费、试运转费和安装所需的辅助设施的费用。

⑨ 脚手架工程费。指施工需要的各种脚手架搭、拆、运输费用以及脚手架购置费的摊销（或租赁）费用。

措施项目及其包含的内容详见各类专业工程的现行国家或行业计量规范。

（3）其他项目费

其他项目费内容包括以下几点。

① 暂列金额。指建设单位在工程量清单中暂定并包括在工程合同价款中的一笔款项，用于施工合同签订时尚未确定或者不可预见的所需材料、工程设备、服务的采购，施工中可能发生的工程变更、合同约定调整因素出现时的工程价款调整以及发生的索赔、现场签证确认等的费用。

② 计日工。指在施工过程中，施工企业完成建设单位提出的施工图纸以外的零星项目或工作所需的费用。

③ 总承包服务费。指总承包人为配合、协调建设单位进行的专业工程发包，对建设单位自行采购的材料、工程设备等进行保管以及施工现场管理、竣工资料汇总整理等服务所需的费用。

④ 暂估价。指发包人在工程量清单中给定的用于支付必然发生但暂时不能确定价格的材料、设备以及专业工程的金额。

（4）规费

规费指按国家法律、法规规定，由省级政府和省级有关权力部门规定必须缴纳或计取的费用。

（5）税金

税金指国家税法规定的应计入建筑安装工程造价内的营业税、城市维护建设税、教育费附加以及地方教育附加。

3.5.2 BIM 技术对施工项目投标报价流程的优化

（1）BIM 技术优化了 2D 图纸的局限性

① BIM 技术优化了 2D 图纸的可视化程度低的问题。目前施工项目使用的图纸，一般是通过节点详图、剖面图、立面图、平面图等 2D 形式设计的图纸。但随着信息科技技术的快速发展及人们对建筑的使用需求，建筑物形态日新月异、结构也趋于复杂化，因此用 2D 形式对新兴建筑物进行表达具有一定难度。此外，由于 2D 形式可视化程度低，使投标文件表达的直观度和清晰度不足，更重要的是 2D 形式的表达不能将施工方案、施工流程、管线布局、建筑整体外形等内容进行全方位展示。而 BIM 技术能将图纸进行 3D 化表达，因此 BIM 技术的出现为改善上述问题提供可能性。图 3-27 为 2D 图纸与 3D 图纸对比。

② BIM 技术解决了各专业之间的碰撞和矛盾。因 2D 图纸具有一定的局限性，使电气、给排水、暖通等不同专业间工作相对分离，它们在进行单独作业时或许很顺利，但进行协同作业时往往产生碰撞，再加上施工现场工作人员与施工图纸设计师对图纸理解的差异，造成实际施工和设计图纸所表达的设计意图发生矛盾，最终导致项目返工，在很大程度上影响了施工成本和工期，并为建筑企业项目管理工作带来了很大困难，同时影响业主单位的工程建设期。因此若在投标

图 3-27　2D 图纸与 3D 图纸对比

过程中，建筑企业能选取恰当的方式规避这些问题，降低企业自身和业主单位由于 2D 图纸带来的成本、工期损失，并结合投标策略进行投标，一定能得到业主的认可，并能在一定程度上提升中标概率、获得更多的经济效益。BIM 技术管线综合优化功能能检测各专业之间的碰撞和矛盾，优化碰撞点，降低因碰撞带来的损失。因此，建设项目各专业之间的碰撞和矛盾为 BIM 技术在投标工作中的运用提供了契机。

（2）BIM 技术的优化原理

工程量复核是投标流程中的重要阶段，建筑企业经常由于时间紧任务重而忽视投标流程中工程量复核阶段；另一方面，由于目前算量软件缺乏专业工程间碰撞点优化，软件计算工程量和实际工程量有出入。最终造成工程量复核阶段的质量低下，甚至影响建筑企业后续投标工作。而 BIM 管线碰撞综合优化是将强弱电、给排水、暖通等相关专业中所有结构设施如电气配管、消防管道、暖通风管、给排水管道等各类设施设备等进行综合建模，寻找并分析其中的交叉碰撞点，并选取最恰当的方式对这些点进行优化分析，即在不改变原设计设备材料属性、规格型号以及使用功能等前提条件下，按照相关施工规范或管道避让原则布置新的设备管道路径。管路在布置上只做位置的调整和移动，不做功能的改变使优化完毕后的整体设备管道布局更为合理，使工程量更精确，可优化设计和投标报价策略。图 3-28 为 BIM 技术背景下的工程量复核阶段优化原理。

（3）基于 BIM 技术的投标报价优化

招标单位一般给施工单位的投标时间为 15～20 天。如按传统方式，这么短的时间内，不太可能对招标工程量进行详细复核，只能按照招标工程量进行组价，得出总价以后进行优惠报价。借助 BIM，快速准确算量不再是难事。通过关联成本与进度，实现不同程度的资本管理与分析，进而快速计算出人工、材料、机械设备等资源的资金用量计划，实现资金的合理化使用。

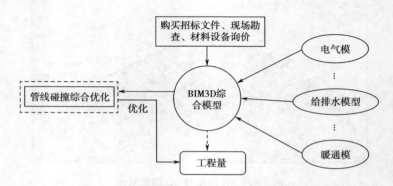

图 3-28 BIM 技术背景下的工程量复核阶段优化原理

在工程投标阶段应用 BIM 技术，可以提高投标的质量和效率，有力地保障工程量清单的全面和精确，促进投标报价的科学、合理，加强投标管理的精细化水平，进一步促进招投标市场的规范化、市场化、标准化发展。

图 3-29 为某通风工程风管 BIM 优化前局部平面图（2D 图），图 3-30 为某通风工程风管 BIM 优化后的局部立体图（3D 图）。优化前后风管的尺寸和面积都有变化，精细程度更高（表 3-8）。

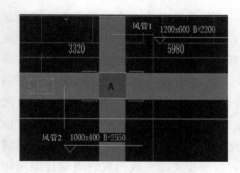

图 3-29 风管 BIM 优化前局部平面图（2D 图）   图 3-30 风管 BIM 优化后局部立体图（3D 图）

表 3-8 某通风工程风管优化前后量差表

项目	族	尺寸/mm×mm	长度/mm	面积/m²
优化前	矩形风管	1000×400	30339	84.949
优化后	矩形风管	1000×400	30978	86.738
量差（±）	矩形风管	1000×400	639	1.789

3.5.3 BIM 施工项目投标报价的编制

（1）投标报价编制的依据

施工项目采用 BIM 技术的，其项目投标报价的编制依据，主要有:《建设工程工程量清单计价标准》（GB 50500—2013）；国家或省、行业建设主管部门颁发的计价办法；企业定额、国家或省级、行业建设主管部门颁发的计价定额和计价办法；招标文件、招标工程量清单及其补充通知、答疑纪要、异议澄清或修正；深化设计后的 BIM 图纸及相关资料；与建设项目相关的标准、规范等技术资料；施工现场情况、工程特点及满足项目要求的施工方案；投标人企业定额、工程造价数据、市场调查的价格信息等以及其他的相关资料。

（2）建设工程投标报价的一般规定

① 投标报价应由投标人或受其委托具有相应资质的工程造价咨询人编制。

② 投标人应根据《建设工程工程量清单计价规范》（GB 50500—2013）第 6.2.1 条的规定自主确定投标报价。

③ 投标报价不得低于工程成本。

④ 投标人必须按照招标工程量清单填报价格。项目编码、项目名称、项目特征、计量单位、工程量必须与招标工程量清单一致。对于招标人提供的是 2D 图纸没有工程量的，并在招标文件中规定的工程量以投标单位采用 BIM 深化设计以后图纸的工程量为准的除外。

⑤ 投标人的投标报价高于招标控制价的应予废标。

（3）影响投标报价计算的主要因素

① 工程量。工程量是计算报价的重要依据。多数招标人在招标文件中均附有工程实物量（工程量清单），因此，必须进行全面或者重点的复核工作。投标人应采用 BIM 模型，对招标人提供的图纸进行深化设计后，核对招标人的工程量清单项目是否齐全、工程做法及用料是否与图纸相符，重点核对工程量是否正确，以求工程量数字的准确性和可靠性，在此基础上再进行套价计算。另一种情况是招标文件中根本没给工程量数字，在这种情况下就要组织 BIM 工程师，利用深化设计后的 BIM 图纸及算量软件，进行详细的工程量计算工作。

② 工程单价。工程单价是计算标价的又一个重要依据，同时又是构成标价的第二个重要因素。单价的正确与否，直接关系到标价的高低，因此，必须十分重视工程单价的制定或套用。工程单价制定的根据如下。

a. 国家或地方规定的预算定额、单位估价表及设备价格等。

b. 人工、材料、机械使用费的市场价格。

③ 其他各类费用的计算。这是构成报价的第三个主要因素。这个因素占总

报价的比重是很大的，少者占 20%~30%，多者占 40%~50%，因此，应重视其计算。

为了简化计算，提高工效，可以把所有的各种费用都折算成一定的系数计入到报价中去，计算出直接费后再乘以这个系数就可以得出总报价了。

工程报价计算出来以后，可用多种方法进行复核和综合分析，然后认真详细地分析风险、利润、报价让步的最大限度，而后参照各种信息资料及预测的竞争对手情况，最终确定实际投标报价。

（4）BIM 投标报价的编制过程

使用 BIM 在投标过程应用提高了编制商务标效率。投标人利用招标人提供的 BIM 图纸，并经过深化设计后，将 BIM 模型导入到造价软件。生成的房屋建筑物 BIM 3D 图如图 3-31 所示。

图 3-31　生成的房屋建筑物 BIM 3D 图

在计算工程量时，在造价软件中需要将分部分项工程量与措施项目工程量计算，具体计算法如下。

①分部分项工程量计算。应用 BIM 软件可以自动根据各构件关系进行运算增减数据信息，得到一个比较接近于实体项目的工程量的信息数据。同时对于提取的工程量的信息可以转换为被其他软件识别的格式，在软件中进行传递和存储，相对于传统工作节约了大量时间和重复工作。

a. 土石方工程算量。对基坑模型进行分层开挖，每层再进行合理分段，每一段基坑都可以进行自动算量。根据算出的土方开挖工程量，可以合理安排施工计划，及配置大型机械设备（数量），这对项目成本进度控制是有利的。

b. 混凝土构件算量。虽然 BIM 软件混凝土工程量统计是比较准确的，但取决于建模的细度精度及对图纸熟悉的程度，软件自带的扣减功能，也符合工程实际工程量统计。根据实际经验对比可得，软件计算的工程量要比手算的工程量精准。

　　c. 门窗工程量统计。在投标阶段如果对模型进行了精细化处理，可以对门窗等构件进行精细化统计。如表 3-9 对某项目门构件进行数量统计，Revit 软件中可以一键框选，立刻生成表中内容。表 3-9 中门的所属楼层、门的规格编号、面积数量等全部内容可以准确获取。

表 3-9　某项目门工程量统计

编号	标高	宽度/mm	高度/mm	门面积/m²	数量/个	类型
FM0818	地下室平面	750	1800	2.7	2	丙级防火门
FM0921	地下室平面	1000	1800	3.6	2	甲级防火门
JM5021	地下室平面	5000	2000	20	2	铝合金卷帘门
TM1822	地下室平面	1800	2200	7.92	2	铝合金推拉门
HM1524	1 层平面	1500	2400	7.2	2	户门
M0821	1 层平面	800	2100	3.36	2	户内门
M0921	1 层平面	900	2100	3.78	2	户内门
TM1634	1 层平面	1600	3400	21.76	4	铝合金推拉门
TM1825	1 层平面	1800	2500	18	4	铝合金推拉门
TM1834	1 层平面	1800	3400	12.24	2	铝合金推拉门
TM2422	1 层平面	2400	2200	10.56	2	铝合金推拉门
TM3225	1 层平面	2500	2100	10.5	2	铝合金推拉门
M0821	2 层平面	800	2100	6.72	4	户内门
M0921	2 层平面	900	2100	11.34	6	户内门
TM1822	2 层平面	1800	2200	7.92	2	铝合金推拉门
TM2424	2 层平面	2400	2400	23.04	4	铝合金推拉门
TM2425	2 层平面	2400	2500	12	2	铝合金推拉门
总计				182.64	46	

　　② 措施项目工程量的计算。措施项目费的计算包括两种类型，一类以分部分项工程的工程量进行计算，另一类是按照费率进行计算。其中以分部分项工程量进行核算的部分，可以直接调用相关部分的实体分部分项工程量，如满堂脚手架，在装饰过程中，对天棚和天花板的面积直接调用，并做一定的修订，可以直接作为该项措施部分的分部分项工程量。对于相关部门的规定，则需要根据各个地方的标准进行费率、计算基础的核定，从而集成相关的取费标准。

　　③ 其他项目费。

　　a. 暂列金额。应按招标工程量清单中列出的金额填写。

　　b. 暂估价。暂估价中的材料、工程设备单价、控制价应按招标工程量清单列出的单价计入综合单价。

④ 规费和税金。必须按国家或省级、行业建设主管部门规定的标准计算，不得作为竞争性费用。

⑤ 投标报价的计算。将工程量成果、其他相关数据导入云计价软件并完成投标报价的计价文件。

施工总承包工程投标报价汇总见表 3-10。

表 3-10 施工总承包工程投标报价汇总

序号	分部分项工程量名称	建筑面积/m²	合价/元	单方造价/（元/m²）	备注
1	住宅	30953.64	42207688.41	1363.58	
1.1	土建部分	30953.64	41377463.20	1336.76	
1.2	安装部分	30953.64	830225.22	26.82	
2	商业	2310.33	3776418.04	1634.58	
2.1	土建部分	2310.33	3654784.38	1581.93	
2.2	安装部分	2310.33	121633.68	52.65	
3	措施费	33263.97	2677289.91	87.00	商业部分考虑标化安全文明施工和赶工补偿费
3.1	商业部分	2310.33	200998.71	87.00	商业部分考虑标化安全文明施工和赶工补偿费
3.2	住宅部分	30953.64	2476291.20	80.00	补偿费
4	其他费用				
4.1	协调服务费				根据合同按实进行结算
4.2	点工及机械台班				根据合同按实进行结算
5	工程造价	33263.97	48661396.35	1462.89	

需要注意到的是：不同工程项目、不同施工单位会有不同的施工组织方法，所发生的措施费也会有所不同。因此，对于竞争性的措施费用的编制，应该首先编制施工组织设计或施工方案，然后依据经过专家论证后的施工方案，合理地确定措施项目与费用。

3.5.4 投标报价计算中应注意的事项

① 招投标阶段 BIM 应用的最重要环节是工程量的计算校核以及合约界面划分的问题。

② 由于国内工程造价有特定的计量规范和工程造价管理体系，就目前而言，

BIM 建模软件和造价软件的对接还存在问题，兼容性不够，无法实现基于 BIM 的工程量和造价计算的自动化，成熟度还远远不能满足造价咨询业务的实际需求。基于 BIM 的计算往往是净量计算，而工程量报价时涉及工程措施、工程损耗等方面，净量计算还无法完全替代传统的造价计算。因此，可以就某些分部分项工程量提供第三方校核，从而提高招标工程量清单的准确性。

③ 综合单价中应包括招标文件中划分的应由投标人承担的风险范围及其费用，招标文件中没有明确的，应提请招标人明确。

④ 分部分项工程和措施项目中的单价项目，应根据招标文件和招标工程量清单项目中的特征描述确定综合单价计算。

⑤ 措施项目中的总价项目金额应根据招标文件及投标时拟定的施工组织设计或施工方案，应采用综合单价计价自主确定。其中的安全文明施工费必须按国家或省级、行业建设主管部门的规定计算，不得作为竞争性费用。

⑥ 其他项目应按下列规定报价。暂列金额应按招标工程量清单中列出的金额填写；材料、工程设备暂估价应按招标工程量清单中列出的单价计入综合单价；专业工程暂估价应按招标工程量清单中列出的金额填写；计日工应按招标工程量清单中列出的项目和数量，自主确定综合单价并计算计日工金额；总承包服务费应根据招标工程量清单中列出的内容和提出的要求自主确定。

⑦ 规费和税金必须按国家或省级、行业建设主管部门的规定计算，不得作为竞争性项目。

⑧ 招标工程量清单与计价表中列明的所有需要填写单价和合价的项目，投标人均应填写且只允许有一个报价。未填写单价和合价的项目，可视为此项费用已包含在已标价工程量清单中其他项目的单价和合价之中。

⑨ 投标总价应当与分部分项工程费、措施项目费，其他项目费和规费、税金的合计金额一致。

第 4 章

BIM 技术支持下的施工项目开标

开标是指在投标人提交投标文件后，招标人依据招标文件规定的时间和地点，开启投标人提交的投标文件，公开宣布投标人的名称、投标价格及主要内容的行为。

公开招标和邀请招标均应举行开标会议，体现招标的公平、公开和公正原则。

BIM 招标项目的开标，因标书有纸版方式和电子方式两种，应分别依据有关规定进行。

4.1 BIM 技术支持下的施工项目开标的条件

4.1.1 BIM 技术支持下的施工项目开标应满足的要求

根据《招标投标法》及相关法规和规定，开标应满足以下要求。

① 开标时间应当在提供给每一个投标人的招标文件中事先确定，使每一投标人都能事先知道开标的准确时间，以便届时参加，确保开标过程的公开、透明。

② 开标时间应与提交投标文件的截止时间相一致。将开标时间规定为提交投标截止时间的同一时间，目的是防止招标人或者投标人利用提交投标文件的截止时间后与开标时间前的时间间隔做手脚，进行暗箱操作。

③ 开标应当公开进行。所谓公开进行，就是开标活动都应当向所有提交投标文件的投标人公开，应当使所有提交投标文件的投标人到场参加开标。通过公开开标，投标人可以发现竞争对手的优势和劣势，可以判断自己中标的可能性大

小，以决定下一步应采取什么行动。

④ 开标由招标人或招标代理机构主持，邀请投标人代表、公证人员或监督人员和有关单位代表参加。投标人为了能够行使对开标进行监督的权利，应当尽可能参加开标会议。但是，投标人可自行决定是否参加开标会议。

⑤ 参加开标会议的投标人的法定代表人或其授权委托的代表应携带本人身份证。委托的代表还应随身携带参加开标会议的授权委托书，以证明其身份。

⑥ 招标人应保证接收的投标文件不丢失、不损坏、不泄密，并应组织工作人员将投标截止时间前接收到的投标文件、投标文件书面撤回通知等运送至开标地点。

⑦ 开标时，由招标人或者由投标人推选的代表检查投标文件的密封情况，也可以由公证机构检查并公证。经确认无误后，由工作人员当众拆封，宣读投标人名称、投标价格和投标文件的其他主要内容。

⑧ 招标人和参与开标会议的有关工作人员应按时到达开标现场，相关人员包括主持人、开标人、唱标人、记录人和监标人等。

⑨ 投标人在提交投标文件的截止时间前收到的所有符合要求的投标文件，开标时都应当众予以拆封、宣读。开标过程应当记录，并存档备查。

⑩ 唱标内容应完整、明确。唱标人及记录人不得将投标内容遗漏不唱或不记。投标人可以对唱标作必要的解释，但所作的解释不得超过投标文件记载的范围或改变投标文件的实质性内容。

4.1.2　BIM 技术支持下的施工项目开标应具备的条件

① 招标人的 BIM 技术招标文件发出满 20 天。

② 招标人最后发出的补遗或澄清或修改满 15 天。

③ 如有招标控制价需要公布的，已按规定公布。

④ 无论是公开招标还是邀请招标，投标截止日前收到按时递交并符合密封要求的投标文件至少 3 家。

⑤ 建设管理部门（或财政管理部门）同意开标，招标人招标前该办理的手续已经办理完，已具备招标条件。即：建设项目已正式列入国家、部门或地方年度固定资产投资计划或经有关部门批准；概算已经批准，资格已落实；建设用地的征用工作已经完成，障碍物全部拆除清理，现场"三通一平"已完成或已经落实给施工单位施工；有能够满足施工需要的施工图纸和技术资料；主要建筑材料（包括特殊材料）和设备已经落实，能够保证连续施工；已经项目所在地规划部门批准，并有当地建设主管部门的批准文件。

⑥ 对招标人提供的 BIM 工程量清单（如有），投标人没有异议或异议已经解决。

⑦ 招标文件中如果有约定其他开标条件的，也应全部满足。

4.2 BIM 技术支持下的施工项目开标前的准备工作

4.2.1 投标文件的接收

（1）接收投标文件的方式

① 直接接收。如果 BIM 技术招标项目为传统纸质招标方式，投标人采用直接送达方式提交纸质投标文件。招标人应安排专人在招标文件指定地点接收投标文件（包括投标保证金），并详细记录投标文件送达人（如果是授权委托人，要有授权委托书、企业法人授权委托书）、送达时间、份数（按照招标文件份数）、包装密封（包装要完好，封口处要盖法人章和单位公章，并由投标人和公证处的人员进行检查）、标识等检查情况，经投标人确认后，向其出具接收投标文件和投标保证金凭证。

② 在线接收。如果 BIM 技术招标项目为电子招标投标，投标人在电子招标投标交易平台在线提交投标文件。招标人通过交易平台收到电子投标文件后，应当及时向投标人发出确认回执通知，并妥善保存投标文件。在投标截止时间前，除投标人补充、修改或者撤回投标文件外（允许补充、修改，如更换项目经理、撤回等，根据地方系统规定），任何单位和个人不得解密、提取投标文件。开标是否需要投标人去现场，也要根据招标文件的规定。

在投标截止时间前，投标人书面通知招标人撤回其投标的，招标人应核实撤回投标书面声明的真实性。如属实，招标人应留存撤回投标书面声明书及投标人授权代表身份证明后，将投标文件退回该投标人。

（2）接收投标文件的场所

接收招标文件的场所为招标文件中规定的开标地点，一般如下。在代理公司开标，接收投标文件的场所为代理公司；在建设单位（甲方）开标，接收投标文件的场所为建设单位；在省、市、区招标投标交易场所开标，接收投标文件的场所为省、市、区招标投标交易场所。

投标地点一般需分开标当日和开标日前，分别在招标文件明确，载明接收投标文件的城市、区、街道、门牌号、楼层和房间号等。开标日前的投标地点，用于投标人采用邮寄方式送达投标文件，一般为招标人的办公地点。

一般公开招标的项目是在当地的建筑工程交易中心（主管部门，各省住房和城乡建设厅或者各市住房和城乡建设局）或者政府采购中心（主管部门，各省财政厅或者各市财政局）。设区的市级以上地方人民政府可以建立招标投标交易场所。招标投标交易所不得与行政监督部门存在隶属关系，不得以营利为目的。国家鼓励利用信息网络进行电子招标投标。

（3）不得接受的招标文件

不得接受的招标文件有：投标文件密封不符合招标文件要求的，招标人拒绝接收，在投标截止时间前，应当允许投标人在投标文件接收场地之外自行更正补救；在投标截止时间后递交的投标文件；采用资格预审方法被审定不合格的投标人不得递交投标文件，招标人应当拒绝接收；逾期送达或者未送达指定地点的投标文件，招标人不予受理。

4.2.2　开标现场的有关工作

（1）开标的准备工作

① 必要的准备会。在开标日前 1～2 天，由招标人或委托的代理机构召集，有关人员参加，提出开标的具体工作任务、人员需要和安排，以及遇到问题的处理方案等，充分进行协调、准备和安排。

② 必要时核实能够参加投标的潜在的供应商。特别是在特殊情况下，投标人可能只有 3 家的情况下，一定要争取做到事先心中有数。

③ 根据投标方的情况，综合估算评标工作量，并据此安排评标时间、询标时间等进度安排和必要的人员食宿等生活措施。

④ 准备开标会议室、评标会议室，对于需要现场演示的 BIM 投标项目，评标会议室的布置需要有能够满足 BIM 软件演示的计算机、有关的投影仪、话筒音响、电源和插座、接线板以及座椅等。

⑤ 抽取评标委员会成员。在专家库里随机抽取满足要求的评标专家。

⑥ 落实招标人参加开标大会和评标工作的代表以及其他工作人员名单和大致人数。落实其他监管、公正部门参加的人员。

（2）开标现场

开标会议的参加人、开标时间、开标地点等要求都必须事先在招标文件里表述清楚、准确，并在开标前做好周到的安排。招标文件中公布的开标时间、地点、程序和内容一般不宜改变，如果需要变更，则应按招标文件的规定，及时发函通知所有潜在投标人。招标人应保证受理的投标文件不丢失、不损坏、不泄密，并组织工作人员将投标截止时间前受理的投标文件、投标文件的修改和补充文件及可能的投标文件撤回声明书等运送至开标地点。

（3）开标资料

招标人应准备好开标资料，如开标记录表、标底文件（如有）、投标文件接收登记表、签收凭证等。招标人还应准备相关国家法律、法规、招标文件及其澄清及修改内容，以备必要时使用。

准备和带齐有关文具用品，如：计算器、白板笔、记号笔、碳素笔、信封、档案袋、胶带、订书器、剪刀、开标用笔记本电脑和备份资料的 U 盘、打印机（打印复印一体机）、打印纸等。

（4）工作人员

招标人和参与开标会议的有关工作人员应按时到达开标现场，包括主持人、开标人、唱标人、记录人、监标人及其他辅助工作人员等。

招标人应邀请所有投标人参加开标会议，也可以通知有关行政监督机构代表到场监督，或者邀请公证机构人员到场进行公证。

4.3　BIM 技术支持下的施工项目开标程序

对于 BIM 技术支持下的施工项目开标，其开标的程序与普通施工项目开标的程序基本相同，只是采用纸板标和电子标的程序有所不同。

4.3.1　BIM 技术支持下的施工项目纸质标的开标程序

对于纸板标，招标人应按照 BIM 技术招标文件规定的程序开标，一般开标程序如下。

（1）宣布开标纪律

主持人宣布开标纪律，对参加开标会议的人员提出要求，如开标过程中不得喧哗、通信工具调整到静音状态、约定提问和异议方式等。任何人不得干扰正常的开标程序。

（2）宣布有关人员姓名

开标会议主持人介绍招标人代表、监督人代表等，依次宣布开标人、唱标人、记录人、监标人等有关人员。

（3）确认投标人代表身份

招标人可以按照招标文件的规定，当场核验参加开标会议的投标人授权代表的授权委托书和有效身份证件，确认授权代表的有效性，并留存授权委托书和身份证件的复印件。如果法定代表人出席开标会，应出示其有效证件。

（4）公布在投标截止时间前接收投标文件的情况

招标人当场宣布投标截止时间前递交投标文件的投标人名称、时间等，以及投标人撤回投标的情况。

（5）检查投标文件的密封情况

依据招标文件规定的方式，检查和确认投标文件的密封情况。主持人应当组织全部的投标人代表自己检查确认其投标文件的密封状况，其目的在于检查开标现场的投标文件密封状况是否与投标文件递交和接受时的密封状况一致，如有疑问或异议应当场、当时提出。

（6）宣布投标文件开标顺序

主持人宣布开标顺序。如招标文件未约定开标顺序的，一般按照投标文件递交的顺序或逆序进行唱标。

（7）公布标底

招标人设有参考标底的，公布标底，也可以在唱标后公布标底。

（8）唱标

按照宣布的开标顺序当众开标。唱标人应按照招标文件约定的唱标内容，严格依据投标函（或包括投标函附录）唱标，并当即做好唱标记录。唱标内容一般包括投标函及投标函附录中的报价、备选方案报价（如有）、完成期限、质量目标、投标保证金、项目经理等。招标文件规定提交开标一览表的，可按照开标一览表唱标。

有投标文件修改或降价声明的，应以修改或降价后的价格为准。投标报价大小写不一致的，以大写金额为准。重要的内容应至少宣读两遍，以便投标人记录。唱标公布的内容作为评标的主要依据之一。在投标截止时间前撤回投标的，应宣读其撤回投标的书面声明。

（9）确认开标记录

开标会议应当做好书面记录。开标工作人应认真核验并如实记录投标文件的密封、标识以及投标报价、投标保证金等开标、唱标情况，开标时间、地点、程序、出席开标会议的单位和代表，开标会议程序、唱标记录、公证机构和公证结果（如有）等信息。投标人代表、招标人代表、监标人、记录人等应在开标记录上签字确认，存档备查。

投标人对开标唱标结果有异议的，应当场提出，招标人应当场核实并予以答复。属于唱标人唱标错误的，应当场纠正，并作记录。不属于唱标人唱标错误的，招标人应如实记录并经监标人签字确认后提交给评标委员会。招标人和监督机构代表不应在开标现场对投标文件是否有效作出判断和决定，应提交给评标委员会评定。

（10）开标结束

主持人宣布开标会结束。开标会结束后，属外资项目的，还应根据贷款机构要求在开标后将开标记录表（表 4-1）报送贷款机构。

表 4-1　开标记录表

_____（项目名称）_____标段施工开标记录表

开标时间_____年_____月_____日_____时_____分

序号	投标人	密封情况	投标保证金	投标报价（元）	质量目标	工期	备注	签名
1								
2								
3								
4								
……								
招标人编制的标底								

招标人代表：_____　记录人：_____　监标人：_____　____年____月____日

4.3.2　BIM 技术支持下的施工项目电子标的开标程序

（1）电子招投标

电子招投标是以数据电文形式完成的招标投标活动。通俗地说，就是部分或者全部抛弃纸质文件，借助计算机和网络完成招标投标活动。近几年，我国各地施工项目采用电子标的形式招投标越来越多，BIM 施工项目同样可以采用电子招投标方式。

（2）电子开标

电子开标是通过互联网以及联接的交易平台，在线完成数据电文形式投标文件的拆封、解密，展示唱标内容并形成开标记录的工作程序。电子开标时间应当严格按照招标文件约定，在投标截止时间的同一时间进行。开标场所是依托互联网的交易平台虚拟空间，不受物理空间限制。电子开标要求所有投标人准时参加开标并操作解密投标文件。

传统纸质招标投标情况下，招标人应当邀请所有投标人参加开标，投标人有不参加开标的权利。除招标文件特别约定外，投标人不参加开标不影响其投标文件有效性。《电子招标投标办法》要求投标人准时登录交易平台在线参加开标。实践中，主要采用投标人自行加密和解密电子投标文件的方式。投标人如果不在线参加开标并操作解密，任何其他单位和个人都不能解密投标文件。电子开标时，需要所有投标人在线签到并电子签名确认开标记录。电子标开标现场图如图 4-1 所示。

图 4-1　电子标开标现场

（3）电子开标基本流程

① 招标人或招标代理机构在交易平台指定开标主持人。主持人只能根据交易平台事先设定的流程和权限操作电子开标。

② 参加电子开标的投标人通过互联网在线签到。

③ 开标时间到时，交易平台按照事先设定的开标功能，自动提取投标文件。

④ 交易平台自动检测投标文件数量。投标文件少于 3 个时，系统进行提示。主持人根据实际情况和相关规定，决定继续开标或终止开标。

⑤ 主持人按招标文件规定的解密方式发出指令，要求招标人和（或）投标人准时并在约定时间内同步完成在线解密。

⑥ 开标解密完成后，交易平台向投标人展示已解密投标文件开标记录信息。

⑦ 投标人对开标过程有异议的，可通过交易平台即时提出。

⑧ 交易平台生成开标记录，参加开标的投标人在线电子签名确认。

⑨ 开标记录经电子签名确认后，向各投标人公布。

4.4　开标中的注意事项

4.4.1　注意投标文件的有效性

开标时，投标文件出现下列情形之一的，应当作为无效投标文件，不得进入评标。

① 逾期送达的或者未送达指定地点的。

② 投标文件未按照招标文件中投标须知的要求装订、密封、签署、盖章的。

③ 投标文件标明的投标人在名称和法律地位上或组织结构（包括项目经理）与

通过资格审查时的不一致，且这种不一致明显不利于招标人或是招标文件不允许的。

④ 招标文件规定的投标文件有关内容未按规定加盖投标人印章或未经法定代表人或其委托代理人签字或盖章，由委托代理人签字或盖章未随投标文件一起提供有效的授权委托书原件。

⑤ 投标文件未按规定的格式、要求填写，内容不全或关键字迹模糊、无法辨认的。

⑥ 投标人未按照招标文件的要求提供投标保证金或者投标保函的。

⑦ 投标人在一份投标文件中对同一招标项目有两个或多个报价，且未书面声明以哪个报价为准的。

⑧ 联合体投标未附联合体各方共同投标协议的。

⑨ 投标报价高于公布标底或投标报价最高限价的。

⑩ 投标文件承诺的工期超过招标文件中的工期要求的。

电子投标文件废标情形，除了上面一些情形以外，还包括以下几点。

① 不同的投标人的投标文件由同一电子设备编制、打印加密或者上传。

② 不同投标人的投标文件由同一投标人的电子设备打印、复印。

③ 不同投标人的投标文件的实质性内容存在两处以上细节错误一致。

④ 投标人递交的已报价工程量清单等电子文档未规定记录软硬件信息。

⑤ 记录的软硬件信息经电子招标交易平台验证认定为被篡改。

⑥ 投标文件记录的网卡（即 mac 地址）、CPU 序列号和硬盘序列号等硬件信息各有一条以上相同且无法提供合理解释的，也应被认定为不同投标人的投标文件由同一电子设备编制、打印加密或者上传。

⑦ 电子投标文件中工程量清单电子文档记录的编辑计价软件序列号相同，也应被认定为不同投标人的投标文件由同一电子设备编制、打印加密或者上传。

⑧ 投标文件的记录上传 IP 地址相同且无法提供合理解释的，也应被认定为不同投标人委托同一单位或个人办理投标事宜。

4.4.2 推迟开标时间的情况

如果发生了下列情况，可以推迟开标时间。

① 招标文件发布后对原招标文件作了变更或补充。

② 开标前发现有影响招标公正情况的不正当行为。

③ 出现突发事件等。

至投标截止时间递交投标文件的投标人少于 3 家的，不得开标。招标人应将接收的投标文件原封退回投标人，分析具体原因、采取相应纠正措施后依法重新组织招标。

第 5 章
BIM 技术支持下的施工项目评标

评标就是指评标委员会根据招标文件规定的评标标准和方法，对投标人递交的投标文件进行审查、比较、分析和评判，以确定中标候选人或直接确定中标人的过程。评标应由招标人依法组建的评标委员会负责。

5.1 评标委员会

5.1.1 BIM 评标专家资格

（1）评标专家素质及能力

评标专家是指在招标投标和政府采购活动中依法对投标人（供应商）提交的资格预审申请文件和投标文件进行审查或评审的具有一定水平的专业人员。评标专家的素质包括以下几个方面。

① 地位具有法律性。《招标投标法》规定："评标由招标人依法组建的评标委员会负责。""依法必须进行招标的项目，其评标委员会由招标人的代表和有关技术、经济等方面的专家组成，成员人数为五人以上单数，其中技术、经济等方面的专家不得少于成员总数的三分之二。"这些规定明确了专家评标是法律行为，具有相应的法律地位，体现了评标的专业性和公正性。

② 权力独立性。《招标投标法》规定："任何单位和个人不得非法干预、影响评标的过程和结果。"这说明评标是评标委员会的独立活动，作为参与评标的专家有独立行使权力的特征。

③ 作用具有主导性。评标是一项复杂的专业活动，专家在评标中发挥主导作用，才能使评标遵循公平、公正、科学、择优的原则。可以说，主导性决定了

评标的方向和质量。

④ 职能具有专业性。《招标投标法》规定了评标专家的资格条件，突出强调了专业性的特点。正是由于依靠了这些专家，才构筑了招投标市场公平竞争的平台，为推动建筑市场的发展发挥了重要作用。

⑤ 程序具有规范性。《评标委员会和评标方法暂行规定》对评标的程序进行了严格规范，包括评标准备、初步评审、详细评审、推荐中标候选人与定标等。各地也针对使用不同的评标标准和方法，对评标程序提出了规范性意见。这一特征反映了评标专家的评标更趋科学和合理，对提高评标效率、确保评标质量具有积极意义。

⑥ 过程具有保密性。《招标投标法》规定："评标委员会成员的名单在中标结果确定前应当保密。""招标人应当采取必要的措施，保证评标在严格保密的情况下进行。""评标委员会成员和参加评标的有关工作人员，不得透露对投标文件的评审和比较、中标候选人的推荐情况以及与评标有关的其他情况。"这说明评标的整个过程是保密的。如果违反了保密规定，需要承担相应的法律责任。

⑦ 身份具有特殊性。由于中标单位是由评标专家经评审确定，在建筑市场竞争激烈的今天，评标专家的身份就显得非常重要。在评标中，评标专家的行为不道德、不公正之举将会影响评审的公正性，特别是在县级评标专家稀缺的情况下，这种特殊性体现得更加明显。

⑧ 行为具有自律性。从专家库成员构成情况看，分散性的特点比较明显，这就要求评标专家具有很强的自律性。只有用崇高的道德标准严格约束自己，才能客观公正地履行职责。在强调自律的同时，也不能忽视他律的重要作用。

⑨ 管理具有流动性。一方面，通过换届，一些年龄偏大、调离本地，或有违法、违规行为的评标专家被解聘或清除，一些新评委要入库；另一方面，大部分评标专家既是建设行政主管部门的专家库成员，又是多个招标代理机构的专家库成员。

⑩ 结论具有实践性。中标人的推荐和确定是评标委员会的最终结论。正常情况下，评标专家对这一结论的形成起着主导作用。但这一结论正确与否，还要经过施工实践的检验。在以往发生的重大质量安全事故中，也有招标评标选定的施工队伍出了问题。这说明评标专家的责任不仅限于评标阶段，而整个施工实践才是衡量评标结论正确与否的试金石。

（2）BIM 评标专家资格的有关规定

评标专家应当符合《招标投标法》《招标投标法实施条例》《评标委员会和评标方法暂行规定》《评标专家和评标专家库管理暂行办法》及其他相关法律、法规规定的条件。

① 从事相关领域工作满 8 年并具有高级职称或同等专业水平。

② 熟悉有关招标投标的法律、法规，并具有与招标项目相关的实践经验。

③ 能够认真、公正、诚实、廉洁地履行职责。

④ 身体健康，能够承担评标工作。

对于 BIM 施工项目的评标，评标专家除了具备上述条件以外，还需要是 BIM 软件的专业人员，如具有 BIM 工程师证书或从事 BIM 教学及科研的人员。BIM 评标专家的资质和业务能力需要有一套规范的评估标准，但由于目前国内 BIM 技术还未大范围推广使用，因此 BIM 评标专家数量相对较少，对应的专家库建设也需较长时间。目前，在运用了 BIM 技术的评标项目中，BIM 评标专家大多由 BIM 技术领域的研究人员，以及建筑行业、高等学校相关专家学者构成。

（3）BIM 评标专家的权利

① 接受专家库组建机构的邀请，成为专家库成员。

② 接受招标人依法选聘，担任 BIM 招标项目评标委员会成员。

③ 熟悉 BIM 招标文件的有关技术、经济、管理特征和需求，依法对 BIM 投标文件进行客观评审，独立提出评审意见，抵制任何单位和个人的不正当干预。

④ 获取相应的评标劳务报酬。

⑤ 法律、法规规定的其他权利。

（4）BIM 评标专家的义务

① 接受建立专家库机构的资格审查和培训、考核，如实申报个人有关信息资料。

② 遇到不得担任 BIM 招标项目评标委员会成员的情况应当主动回避。

③ 为招标人负责，维护招标、投标双方合法利益，认真、客观、公正地对 BIM 投标文件进行分析、评审、比较。

④ 遵守评标工作程序和纪律规定，不得私自接触投标人，不得收受他人的任何好处，不得透露投标文件评审的有关情况。

⑤ 自觉依法监督、抵制、反映和核查招标、投标、代理、评标活动中的虚假、违法和不规范行为，接受和配合有关行政监督部门的监督、检查。

⑥ 评标时间不能满足评标需要时，应当提出延长评标时间。

⑦ 法律、法规规定的其他义务。

5.1.2　组建 BIM 施工项目评标委员会

（1）评标委员会的组建

《评标委员会和评标办法暂行规定》（七部委第 12 号令）规定的评标委员会的组建方式如下。

① 评标委员会依法组建，负责评标活动，向招标人推荐中标候选人或者根

据招标人的授权直接确定中标人。

② 评标委员会由招标人或者其委托的具备资格的招标代理机构负责组建。评标委员会成员名单一般应于开标前确定。评标委员会成员名单在中标结果确定前应当保密。

③ 评标委员会由招标人、招标代理机构熟悉相关业务的代表，以及有关技术、经济等方面的专家组成，成员人数为五人以上的单数，其中招标人或者招标代理机构以外的技术、经济等方面的专家不得少于成员人数的三分之二。

④ 评标委员会设负责人的，评标委员会负责人由评标委员会成员推举产生或者由招标人确定。评标委员会负责人与评标委员会的其他成员有同等的表决权。

⑤ 评标委员会的专家成员应当从国务院有关部门或者省、自治区、直辖市人民政府有关部门提供的专家名册或者招标代理机构的专家库内的相关专家名单中确定。

（2）评标专家的选取

评标专家的选取采取随机抽取和直接确定两种方式。一般项目可以采取随机抽取的方式；技术特别复杂、专业性要求特别高或者国家有特别要求的招标项目，采取随机抽取方式确定的专家难以胜任的，可以由招标人直接确定。

对于采用 BIM 技术的施工项目评标工作，由于涉及的专业性比较强，评标专家需要由既懂 BIM 技术又懂建筑施工的专家构成。一些省市已经通过培训的方式建立了 BIM 专家库，但是更多的省市还没有专门的 BIM 专家，需要招标人或其委托的招标代理公司以指定的方式在 BIM 软件公司、从事 BIM 教学及科学研究的高等学校和科研院所、设计单位、施工单位中产生。BIM 专家一般为技术专家。

（3）评标专家的回避原则

评标专家有下列可能影响公正评标情况的，应当回避。

① 投标人或投标人主要负责人的近亲属。

② 项目主管部门或者行政监督主管部门的人员。

③ 与投标人有经济利益关系，可能影响对投标公正评审的。

④ 曾因在招标、评标以及其他与招标有关的活动中从事违法行为而受过行政处罚或刑事处罚的。

评标专家从发生和知晓上述规定情形之一起，就应当主动回避评标。招标人可以要求评标专家签署承诺书，确认其不存在上述法定回避的情形。评标中，如发现某个评标专家存在法定回避情形的，该评标专家已经完成的评标结果无效，招标人应重新确定满足要求的评标专家替代。

（4）评标委员会成员需要注意的事项

评标委员会成员在采用 BIM 技术的施工项目评标过程中，需要注意以下事项。

① 评标委员会成员的职责是依据 BIM 招标文件中确定的评标标准和方法，对进入开标程序的 BIM 投标文件进行系统的评审和比较。评标委员会无权修改

BIM 招标文件中已经公布的评标标准和方法。

② 评标委员会成员对 BIM 招标文件中的评标标准和方法产生疑义时，招标人或其委托的招标代理机构负责解释。

③ 评标委员会应对评标结果负责。招标人接收评标报告时，可以复核评标结果以及评标委员会是否遵守 BIM 招标文件确定的评标方法和标准进行评标，是否有计算错误，签字是否齐全等内容。如果发现问题，评标委员会应即时更正。

④ 评标委员会成员应该对评标过程和结果严格保密，不得泄露任何与评标相关的信息。评标结束后，评标委员会成员应将评标的各种文件资料、记录表、草稿纸交回招标人或其委托的代理机构。

⑤ 评标委员会完成评标后，应当向招标人提出书面评标报告，并推荐合格的按名次排列的中标候选人 1~3 人（且要排列先后顺序），也可以按照招标人的委托，直接确定中标人。

⑥ 评标委员会应接受依法实施的监督。

5.1.3　评标原则与纪律

（1）评标原则

《评标委员会和评标方法暂行规定》指出：评标活动遵循公平、公正、科学、择优的原则，评标活动依法进行，任何单位和个人不得非法干预或者影响评标过程和结果。

① 平等竞争、机会均等。在评标、定标过程中，对任何投标人均应采用招标文件中规定的评标、定标办法，统一用一个标准衡量，保证投标人能平等地参加竞争。对投标人来说，评标、定标办法都是客观的，不应存在带有倾向性的、对某一方有利或不利的条款，中标的机会应均等。

② 客观公正，科学合理。对投标文件的评价、比较和分析，要客观公正，不以主观好恶为标准，不带成见，真正评价出投标文件的响应性、技术性、经济性等方面的客观差别和优劣。采用的评标、定标方法对评审指标的设置和评分标准的具体划分，都要在充分考虑招标项目的具体特征和招标人的合理意愿的基础上，尽量避免和减少人为的因素，做到科学合理。

③ 实事求是，择优定标。对投标文件的评审，要从实际出发，尊重现实，实事求是。评标、定标活动既要全面，也要有重点，不能泛泛进行。任何一个招标项目都有自己的具体内容和特点，招标人作为合同一方主体，对合同的签订和履行负有其他任何单位和个人都无法替代的责任，在其他条件同等的情况下，应该允许招标人选择更符合招标工程特点和自己招标意愿的投标人中标。招标评标办法可根据具体情况，侧重于工期或价格、质量、信誉等一两个重点，在全面评

审的基础上作合理取舍。

（2）评标工作要求

评标工作应符合以下基本要求：认真阅读招标文件，正确把握招标项目的特点和需求；全面审查、分析投标文件；严格按照招标文件中规定的评标标准、评标方法和程序评价投标文件；按法律规定推荐中标候选人或依据招标人授权直接确定中标人，完成评标报告。

（3）评标依据

评标委员会依据法律、法规、招标文件及其规定的评标标准和方法，对投标文件进行系统的评审和比较，招标文件中没有规定的标准和方法，评标时不得采用。投标文件指进入开标程序的所有投标文件，以及投标人依据评标委员会的要求对投标文件的澄清和说明。

（4）评标纪律

① 评标活动由评标委员会依法进行，任何单位和个人不得非法干预。无关人员不得参加评标会议。

② 评标委员会成员不得与任何投标人或者与招标项目有利害关系的人私下接触，不得收受投标人、中介人以及其他利害关系人的财物或其他好处。

③ 招标人或其委托的招标代理机构应当采取有效措施，确保评标工作不受外界干扰，保证评标活动严格保密，有关评标活动参与人员应当严格遵守保密规则，不得泄露与评标有关的任何情况。其保密内容涉及：评标地点和场所；评标委员会成员名单；投标文件评审比较情况；中标候选人的推荐情况；与评标有关的其他情况等。

招标人应采取有效措施，必要时可以集中管理和使用与外界的通信工具等，同时禁止任何人员私自携带与评标活动有关的资料离开评标现场。

5.2 BIM 技术支持下的施工项目评标的程序

5.2.1 评标准备

招标人及其委托的招标代理机构在评标前要做好以下评标准备工作。

① 准备评标需用的资料，包括招标文件及其技术标准、规范、签字、澄清和修改、标底、开标记录等，并向评标委员会提供相关必要和客观的信息。

② 准备评标相关表格。

③ 选择评标地点和评标场所。

④ 布置评标现场，准备评标工作所需的设备及工具。

⑤ 妥善保管开标后的投标文件并运到评标现场。

⑥ 评标安全、保密等有关的工作。

此外，还要对评标委员会成员进行分工，熟悉相关文件资料。如果适用暗标评审，就对暗标进行编号等。如果评标办法所附的表格不能满足评标需要的，还要准备相应的补充表格。

5.2.2　初步评审

初步评审也称符合性和完整性评审。主要是包括检验投标文件的符合性和核对投标报价，确保投标文件响应招标文件的要求，剔除法律、法规所提出的废标。施工项目招标初步评审分为形式评审、资格评审和响应性评审。采用经评审的最低投标价法时，初步评审的内容还包括对施工组织设计和项目管理机构的评审。

形式评审、资格评审和响应性评审分别是对投标文件的外在形式、投标资格、投标文件是否响应招标文件实质性要求进行评审，一般应包括下列内容。

① 投标人的名称与营业执照、资质证书、施工安全生产许可证是否一致。

② 投标文件的装订、份数、盖章、签字等是否符合招标文件要求。

③ 投标文件的格式是否符合招标文件的要求，内容是否齐全。

④ 投标报价是否唯一。

⑤ 企业的营业执照、安全生产许可证是否在有效期内，资质是否符合招标文件的要求并在有效期内。

⑥ 递交投标文件的投标人与通过资格预审的投标申请人是否已经发生改变，以联合体形式投标的，应复核联合体的组成单位是否发生了变化。

⑦ 联合体投标情况下，投标人是否已递交了联合体投标协议。

⑧ 项目经理及企业业绩是否符合招标文件要求。

⑨ 投标人是否已递交了投标保证金及投标保证金是否有瑕疵。

⑩ 投标报价、投标内容、工期、质量等是否符合招标文件要求。

⑪ 已标价的工程量清单是否有缺项漏项。

⑫ 投标文件的技术标准和要求是否满足招标文件的要求。

5.2.3　详细评审

5.2.3.1　详细评审的含义

详细评审是指在初步评审的基础上，对经初步评审合格的投标文件，按照招标文件确定的评标标准和方法，对其技术部分和商务部分进一步评审、比较。评标委员会对各投标书的实施方案和计划进行实质性评价与比较。

详细评审通常包括对各投标书进行技术、商务和资质方面的审查，评定其合理性，以及若将合同授予该投标人在履行过程中可能给招标人带来的风险。评标委员会认为必要时，可以单独约请投标人对标书中含义不明确的内容作必要的澄清或说明，但澄清或说明不得超出投标文件的范围或改变投标文件的实质性内容。澄清内容也要整理成文字材料，作为投标书的组成部分。在对标书审查的基础上，评标委员会比较各投标书的优劣，并编写评标报告。

5.2.3.2 工程施工项目的详细评审

（1）经评审的最低投标价法

经评审，投标报价最低的投标人即为中标人。采用经评审的最低投标价法时，评标委员会应当根据开标确认的投标报价为基础，按招标文件中规定的评标价格计算因素和方法，计算有效投标人的评标价格并进行比较，招标文件中没有明确规定的因素不得计入评标价格。

一般小型工程为了简化评标过程，也可以忽略以上价格的评标量化因素，而直接采用投标报价进行比较。

（2）综合评估法

采用综合评估法时，评标委员会可使用打分的方法或者其他方法，衡量投标文件对招标文件中规定的各项评价因素和标准的响应程度。

综合评估法详细评审的内容通常包括投标报价、施工组织设计、项目管理机构及其他因素等。工程施工招标项目评标办法见表 5-1，表中包含了初步评审和详细评审的内容。

表 5-1 工程施工招标项目评标办法（综合评估法）

条款号		评审因素	评审标准
2.1.1	形式评审	投标人名称	与营业执照、资质证书、安全生产许可证一致
		投标函签字盖章	投标函应有单位盖章或法定代表人或法定代表人授权的代理人签字或盖章
		投标文件格式	投标文件应符合投标人须知规定格式
		投标文件内容	内容应齐全，关键字迹应清晰、易于辨认
		报价唯一	不得递交两份或多份内容不同的投标文件，对同一招标项目只能有一个报价
2.1.2	资格评审	营业执照	具有有效的营业执照
		安全生产许可证	具有有效的安全生产许可证
		资质等级	符合投标人须知规定
		项目经理	符合投标人须知规定

续表

条款号		评审因素	评审标准
2.1.2	资格评审	财务要求	符合投标人须知规定
		业绩要求	符合投标人须知规定
		其他要求	符合投标人须知规定
		投标人名称或组织结构	应与资格预审时一致
		联合体投标	应附联合体各方共同投标协议
2.1.3	响应性评审	投标报价	符合投标人须知规定
		投标内容	符合投标人须知规定
		工期	符合投标人须知规定
		工程质量	符合投标人须知规定
		投标有效期	符合投标人须知规定
		权利义务	符合合同条款及格式规定
		已标价工程量清单	符合工程量清单给出的范围及数量
		技术标准和要求	符合技术标准和要求规定
2.2.1		分值构成 （总分 100 分）	施工组织设计：　　　分 项目管理机构：　　　分 投标报价：　　　分 其他评分因素：　　　分
2.2.2		评标基准价计算方法	根据招标项目，由招标人或其委托的代理公司确定分值评定规定
2.2.3		投标报价的偏差率计算公式	根据招标项目，由招标人或其委托的代理公司确定分值评定规定
条款号		评分因素	评分办法
2.2.4 (1)	施工组织设计评分标准	内容完整性和编制水平	根据招标项目，由招标人或其委托的代理公司确定分值评定规定
		施工方案与技术措施	根据招标项目，由招标人或其委托的代理公司确定分值评定规定
		质量管理体系与措施	根据招标项目，由招标人或其委托的代理公司确定分值评定规定
		安全管理体系与措施	根据招标项目，由招标人或其委托的代理公司确定分值评定规定
		环境保护管理体系与措施	根据招标项目，由招标人或其委托的代理公司确定分值评定规定
		工程进度计划与措施	根据招标项目，由招标人或其委托的代理公司确定分值评定规定
		资源配备计划与措施	根据招标项目，由招标人或其委托的代理公司确定分值评定规定

续表

条款号		评分因素	评分办法
2.2.4 (2)	项目管理 机构评审	项目经理任职资格与业绩	根据招标项目，由招标人或其委托的代理公司确定 分值评定规定
		技术负责人任 职资格与业绩	根据招标项目，由招标人或其委托的代理公司确定 分值评定规定
		其他主要人员	根据招标项目，由招标人或其委托的代理公司确定 分值评定规定
2.2.4 (3)	投标报价 评分标准	报价得分	根据招标项目，由招标人或其委托的代理公司确定 分值评定规定
		报价合理性	根据招标项目，由招标人或其委托的代理公司确定 分值评定规定
2.2.4 (4)	其他因素 评分标准	管理体系及信誉	根据招标项目，由招标人或其委托的代理公司确定 分值评定规定
			根据招标项目，由招标人或其委托的代理公司确定 分值评定规定

① 投标报价。投标报价评审包括评标价计算和价格得分计算。评标价计算的办法和要求与经评审的最低投标价法相同。工程投标价格得分计算通常采用基准价得分法。常见的评标基准价的计算方式为：有效的投标报价去掉一个最高值和一个最低值后的算术平均值（在投标人数量较少时，也可以不去掉最高值和最低值），或该平均值再乘以一个合理下降系数，作为评标基准价。然后按规定的办法计算各投标人评标价的评分。

对于投标报价，还要分析其合理性。不仅要对各标书的报价数额进行比较，还要对主要工作内容和主要工程量的单价进行分析，并对价格组成各部分比例的合理性进行评价。分析投标价的目的在于鉴定各投标价的合理性。应包括的主要内容为：算术性错误的复核及修正；错漏项目的分析、澄清或修正；法定税金和规费合理性（完整性）的分析和修正；利润率合理性的分析和修正；企业管理费合理性的分析和修正；措施费项目的完整性及价格合理性的分析和修正；分部分项工程总价合理性的分析和修正；清单单价合理性的分析和修正；关于不平衡报价的分析。

② 施工组织设计。施工组织设计的各项评审因素通常为主观评审，由评标委员会成员独立评审判分，同时还要考虑下列因素的影响。

a. 施工总体布置。着重评审布置的合理性。对分阶段实施还应评审各阶段之间的衔接方式是否合适，以及如何避免与其他承包人之间（如有）发生作业干扰。

b. 施工进度计划。首先要看进度计划是否满足招标要求，进而再评价其是否科学和严谨，以及是否切实可行。招标人有阶段工期要求的工程项目对里程碑工期的实现也要进行评价。评审时要依据施工方案中计划配置的施工设备、生产能力、材料供应、劳务安排、自然条件、工程量大小等因素，将重点放在审查作业循环和施工组织是否满足施工高峰月的强度要求，从而确定其总进度计划是否建立在可靠的基础上。

c. 施工方法和技术措施。主要评审各单项工程所采取的方法、程序技术与组织措施。包括所配备的施工设备性能是否合适、数量是否充分；采用的施工方法是否既能保证工程质量，又能加快进度并减少干扰；安全保证措施是否可靠等。

d. 材料和设备。规定由承包人提供或采购的材料和设备，是否在质量和性能方面满足设计要求和招标文件中的标准。必要时可要求投标人进一步报送主要材料和设备的样本、技术说明书或型号、规格、地址等资料，评审人员可以从这些材料中审查和判断其技术性能是否可靠及达到设计要求。

e. 技术建议和替代方案。对投标书中提出的技术建议和可供选择的替代方案，评标委员会应进行认真细致的研究，评定该方案是否会影响工程的技术性能和质量。在分析技术建议和替代方案的可行性和技术经济价值后，考虑是否可以全部采纳或部分采纳。

f. 管理和技术能力的评价。管理和技术能力的评价重点放在投标人实施工程的具体组织机构和施工的保障措施方面，即对主要施工方法、施工设备以及施工进度进行评审，对所列施工设备清单进行审核。审查投标人拟投入工程的施工设备数是否符合施工进度要求，以及施工方法是否先进、合理，是否满足招标文件的要求，重点审查投标人提出的质量保证体系的方案、措施等是否能满足工程的要求。

对于 BIM 施工项目施工组织设计，还要着重评审 BIM 软件在项目施工过程应用情况、实际解决的问题等。

③ 项目管理机构。由评标委员会成员按照评标办法的规定独立评审判分。

评审中要对拟派该项目的项目经理、主要管理人员和技术人员进行评价，要拥有一定数量有资质、有丰富工作经验的管理人员和技术人员。

（3）其他评审因素

包括投标人的财务能力、业绩与信誉等。财务能力的评标因素包括投标人注册资本、总资产、净资产收益率、资产负债率等财务指标和银行授信额度等。业绩与信誉的评标因素包括投标人在规定时间内已有类似项目业绩的数量、规模和成效、政府或行业组织建立的诚信评价系统对投标人的诚信评价等，以及投标人以往类似项目获奖情况等。

对投标人的经历和财力，在资格预审时已通过的，一般不作为评比条件。如果进行资格后审，那么就要对投标人进行审核。

5.2.4 投标文件质疑、澄清和补正

在评标过程中，如果发现投标人在投标文件中存在没有阐述清楚的地方，一般可召开澄清会议，由评标委员会提出问题，要求投标人提交书面正式答复。澄清问题的书面文件不允许对原投标书作出实质上的修改，也不允许变更报价，因为《招标投标法》第二十九条规定，投标人只能在提交投标文件的截止日前可对招标文件进行修改和补充。评标委员会不接受投标人主动提出的澄清、说明或补正。

《评标委员会和评标方法暂行规定》第十九条确立了澄清、说明或者补正在评标活动中的合法性。评标委员会启动质疑程序，书面要求投标人进行澄清、说明或者补正的目的主要有两个方面。

① 澄清投标文件中存在的含义不明确、表述不一致等疑惑，以便评标委员会能够对投标文件作出更为客观的评价。

② 通过说明或者补正，解决投标文件中存在的细微偏差，一些偏差可能会被招标人接受，一些偏差则必须在评标结束前给予补正，从而合理规避合同双方在合同履行中不必要的争议。

《工程建设项目施工招标投标管理办法》规定在有下列情形时，评标委员会可以要求投标人作出书面说明并提供相关材料：设有标底的，投标报价低于标底合理幅度的；不设标底的，投标报价明显低于其他投标报价，有可能低于其企业成本的。经评标委员会论证，认定该投标人的报价低于其企业成本的，不能推荐为中标候选人或者中标人。

《评标委员会和评标方法暂行规定》第二十六条规定，细微偏差是指投标文件在实质上响应招标文件要求，但在个别地方存在漏项或者提供了不完整的技术信息和数据等情况，并且补正这些遗漏或者不完整不会对其他投标人造成不公平的结果。细微偏差不影响投标文件的有效性。评标委员会应当书面要求存在细微偏差的投标人在评标结束前予以补正。拒不补正的，在详细评审时可以对细微偏差作不利于该投标人的量化，量化标准应当在招标文件中规定。

5.2.5 推荐中标候选人或中标人

(1) 推荐中标候选人及重新招标

除了投标人须知前附表授权直接确定中标人外，评标委员会在推荐中标候选人时应当遵照以下原则。

① 评标委员会对有效的投标按照评标价由低至高的次序排列，根据投标人须知前附表的规定推荐中标候选人。

② 如果评标委员会作否决投标处理后，有效投标不足 3 个，且少于投标人须知前附表规定的中标候选人数量的，则评标委员会可以将所有有效投标按评标价由低至高的次序作为中标候选人向招标人推荐。如果因有效投标不足 3 个使得投标明显缺乏竞争的，评标委员会可以建议招标人重新招标。

③ 投标截止时间前递交投标文件的投标人数量少于 3 个或者所有投标被否决的，招标人应当依法重新招标。

（2）直接确定中标人

投标人须知前附表授权评标委员会直接确定中标人的，评标委员会对有效的投标按照评标价由低至高的次序排列，并确定排名第一的投标人为中标人。

如果评标委员会认为排在前面的中标候选人的最低投标价或者某些分项报价明显不合理或者低于成本，有可能影响施工质量和不能诚信履约的，应当要求其在规定的期限内提供书面文件予以解释说明，并提交相关证明材料。否则，评标委员会可以取消该投标人的中标候选资格，按顺序排在后面的中标候选人递补，以此类推。采用综合评估法的评标，当评审得分相同时，按投标报价由低到高顺序排列；得分且投标报价相同时，按技术指标优劣顺序排列。BIM 施工项目招标一般采取综合评估法的评标比较多。

（3）中标人的条件

①《招标投标法》的相关规定。《招标投标法》第四十一条规定，中标人的投标应当符合下列 2 个条件之一。

a. 能够最大限度地满足招标文件中规定的各项综合评标标准。

b. 能够满足招标文件的实质性要求，并且经评审的投标价格最低，但是投标价格低于成本的除外。

评标委员会应按照招标文件中规定的定标方法，推荐不超过 3 名有排序的合格的中标候选人。

② 具体认定的有关规定。实行经评审的最低投标价法评标时，中标人的投标文件应能满足招标文件的各项要求，且投标报价最低。但评标委员会可以要求其对保证工程质量、降低工程成本拟采用的技术措施作出说明，并据此提出评价意见，供招标人定标时参考。当实行综合评估法评标时，以得分最高的投标人为中标单位。

国有资金占控股或者主导地位的项目，招标人应当确定排名第一的中标候选人为中标人。排名第一的中标候选人放弃中标、因不可抗力不能履行合同或者招标文件规定应当提交履约保证金而规定的期限内未能提交，或者被查实存在影响中标结果的违法行为等情形，不符合中标条件的，招标人可以按照评标委员会提出的中标候选人名单排序依次确定其他中标候选人为中标人。依次确定其他中标候选人与招标人预期差距较大，或者对招标人明显不利的，招标人可以重新招标。

中标候选人的经营、财务状况发生较大变化或者存在违法行为，招标人认为可能影响其履约能力的，应当在发出中标通知书前由原评标委员会按照招标文件规定的标准和方法审查确认。

（4）定标和授标的程序

① 招标人根据评委会推荐的合格中标候选人名单，指定排名第一的中标候选人为中标人。

② 招标人应当根据招标文件明确的媒体和发布时间公示中标候选人，接受社会的监督。施工项目中标候选人公示时间应不少于 3 日。中标候选人公示期间内，投标人和其他利害相关人如对中标候选人或评标有异议，可以向招标人或其委托的招标代理机构提出。招标人应当自收到异议之日起 3 日内作出答复。

③ 经评标确定中标人后，招标人或其委托的招标代理机构应在投标有效期届满前 30 日向中标人发出中标通知书。

④ 招标人或其委托的招标代理机构将中标结果通知所有未中标的投标人，按照招标文件规定退还未中标的投标人的投标保证金。

⑤ 在评标委员会提交评标报告后，招标人应在招标文件规定的时间内完成定标。中标人确定后，招标人将于 15 日内向工程所在地的县级以上人民政府建设行政主管部门提交施工招标情况的书面报告。建设行政主管部门自收到书面报告之日起 5 日内，未通知招标人在招投标活动中有违法行为的，招标人将向中标人发出《中标通知书》，同时将中标结果通知所有未中标的投标人。

如果中标人被有关部门查实存在影响中标结果的违法行为、不具备中标资格或被取消中标资格等情形，对于国有资金占控股或主导地位的依法必须进行招标的项目，招标人可以按照评标委员会推荐的中标人名单排序依次确定其他中标候选人为中标人，也可以重新招标。

5.2.6 编制并提交评标报告

评审结束时，评标委员会要提交评标报告，所有评标专家要在评标报告上签字。

（1）评标报告应包括的内容

评标委员会应根据评标情况和结果，向招标人提交书面评标报告。评标报告由评标委员会起草，按少数服从多数的原则通过。评标报告应包括的内容有：基本情况和数据表；评标委员会成员名单；开标记录；符合要求的投标一览表；废标情况说明；评标标准、评标方法或者评标因素一览表；经评审的价格或者评分比较一览表；经评审的投标人排序；推荐的中标候选人名单与签订合同前要处理的事宜；澄清、说明、补正事项纪要。

评标报告应按行政监督部门规定的内容和格式填写。

（2）评标报告签署

评标报告（表 5-2）由评标委员会全体成员签字。对评标结论持有异议的评标委员会成员可以书面方式阐述其不同意见和理由。评标委员会成员拒绝在评标报告上签字且不陈述其不同意见和理由的，视为同意评标结论。评标委员会负责人应当对此作出书面说明并记录在案。

表 5-2　评标报告

工程名称			
工程编号			
评标委员会评标结果	投标人名称	排名次序	投标价格或评标得分
推荐的中标候选人	次序	中标候选人名称	
	1		
	2		
	3		
评标委员会全体成员签字	兹确认上述评标结果属实，有关评审记录见附件。 年　　月　　日		
招标人决标意见	根据招标文件中规定的评标办法和评标委员会的推荐意见，兹确定：_____为中标人。 　　招标人：（盖章）　　　　法定代表人：（签字或盖章） 年　　月　　日		
备注	本表有附件，附件包括评标委员会成员名单、开标记录、废标情况说明、评审记录、分析报告、有关澄清、说明和补正事项纪要等评标过程中形成的文件。本表与附件共同构成评标报告，附件共____页		
说明	本报告由评标委员会和招标人共同填写，一式三份，其中一份在备案时由招标办留存		

5.3　评标中有关规定

5.3.1　中标人的法定义务

我国《招标投标法》规定中标人在中标后应履行以下义务。

① 中标后，中标人和招标人不得再行订立背离合同实质性内容的其他协议。

② 招标文件要求中标人提交履约保证金的，中标人应当按照招标文件的要求提交。

招标人与中标人不按照招标文件和中标人的投标文件订立合同的，合同的主要条款与招标文件、中标人的投标文件的内容不一致，或者招标人、中标人订立背离合同实质性内容的协议的，由有关行政监督部门责令改正，可以处中标项目金额 5‰以上 10‰以下的罚款。中标人无正当理由不与招标人订立合同，在签订合同时向招标人提出附加条件或者不按照招标文件要求提交履约保证金的，取消其中标资格，投标保证金不予退还。

③ 中标人应当按照合同约定履行义务，完成中标项目。

④ 中标人不得向他人转让中标项目。

⑤ 中标人不得将中标项目肢解后分别向他人转让。

⑥ 中标人按照合同规定或者经招标人同意，可以将中标项目的部分非主体、非关键性工作分包给他人完成。中标人应当就分包项目向招标人负责，接受分包的人就分包项目承担连带责任。接受分包的人应当具备相应的资格条件，并不得再次分包。

5.3.2　评标中有关废标的法律规定

投标文件有下述情形之一的，应作为废标处理。

① 在评标过程中，评标委员会发现投标人的报价明显低于其他投标报价，或者在设有标底时明显低于标底，使得其投标报价可能低于其个别成本的，应当要求该投标人作出书面说明并提供相关证明材料。投标人不能合理说明或者不能提供相关证明材料的，由评标委员会认定该投标人以低于成本报价竞标，其投标应作为废标处理。

② 设有拦标价的，投标报价高于拦标价的，其投标应作为废标处理。

③ 投标人资格条件不符合国家有关规定和招标文件要求的，或者拒不按照要求对投标文件进行澄清、说明或者补正的，评标委员会可以否决其投标。

④ 评标委员会应当审查每一投标文件是否对招标文件提出的所有实质性要

求和条件作出响应，未能在实质上响应的投标，应作为废标处理。

⑤ 评标委员会应当根据招标文件，审查并逐项列出投标文件的全部投标偏差。如果投标文件存在重大偏差，应按废标处理，下列情况属于重大偏差。

① 没有按照招标文件要求提供投标担保或者所提供的投标担保有瑕疵。

② 投标文件没有投标人授权代表签字和加盖公章。

③ 投标文件载明的招标项目完成期限超过招标文件规定的期限。

④ 明显不符合技术规格、技术标准的要求。

⑤ 投标文件载明的 BIM 软件的功能、运行方式、施工中解决的问题和方法等不符合招标文件的要求。

⑥ 投标文件附有招标人不能接受的条件。

⑦ 不符合招标文件中规定的其他实质性要求。

⑧ 招标文件对重大偏差另有规定的，按其规定。

5.3.3　关于禁止串标的有关规定

《招标投标法实施条例》详细规定了禁止串标的行为。

（1）投标人之间串标

《招标投标法实施条例》中规定的属于投标人相互串通投标的情形如下。

① 投标人之间协商投标报价等投标文件的实质性内容。

② 投标人之间约定中标人。

③ 投标人之间约定部分投标人放弃投标或者中标。

④ 属于同一集团、协会、商会等组织成员的投标人按照该组织要求协同投标。

⑤ 投标人之间为谋取中标或者排斥特定投标人而采取的其他联合行动。

《招标投标法实施条例》中规定的视为投标人相互串通投标的情形如下。

① 不同投标人的投标文件由同一单位或者个人编制。

② 不同投标人委托同一单位或者个人办理投标事宜。

③ 不同投标人的投标文件载明的项目管理成员为同一人。

④ 不同投标人的投标文件异常一致或者投标报价呈规律性差异。

⑤ 不同投标人的投标文件相互混装。

⑥ 不同投标人的投标保证金从同一单位或者个人的账户转出。

（2）招标人和投标人串标

《招标投标法实施条例》中规定的视为招标人与投标人串通投标的情形如下。

① 招标人在开标前开启投标文件并将有关信息泄露给其他投标人。

② 招标人直接或者间接向投标人泄露标底、评标委员会成员等信息。

③ 招标人明示或者暗示投标人压低或者抬高投标报价。

④ 招标人授意投标人撤换、修改投标文件。

⑤ 招标人明示或者暗示投标人为特定投标人中标提供方便。

⑥ 招标人与投标人为谋求特定投标人中标而采取的其他串通行为。

5.4 BIM 技术支持下的施工项目评标过程案例

5.4.1 案例项目情况

案例为 S 施工项目，位于某市的 H 学校院内，总建筑面积 $1.96 \times 10^4 \, \text{m}^2$，建筑最高层为 5 层，无地下建筑，结构形式为钢结构混凝土框架结构，以装配式建设为主，计划总工期 15 个月，质量、设计、施工均应达到《绿色建筑评价标准》中的二星级，为省级示范项目。项目对 BIM 的要求见表 5-3。

表 5-3 项目对 BIM 的要求

应用阶段	应用场景	应用要求
设计阶段	BIM 模型创建和管理	根据 H 学校提供的 2D 设计图纸，设计出本项目的包括土建和机电设备安装等专业 BIM 模型，方便 H 学校、项目管理团队、监理、分包单位等多方共享和管理，并进行 3D 平面图纸的双向输出，包括后续的深化、优化工作
	碰撞检查与优化	把建筑、结构、设备、管线等各专业模型进行合并，对施工阶段进行综合碰撞检测、分析和模拟，检查图纸、结构以及机电管线的具体情况，发现问题，及时处理优化，对于期间存在的冲突点及时发现调整，减少工程变更、现场签证等
	预制构配件设计、订做、安装	利用 BIM 设计模型，根据现场施工安装具体情况指导预制构配件的施工及安装
生产及施工阶段	施工过程管理	对施工过程进行动态管理，监督、检查现场的人员、机械、材料、施工及作业方法、施工环境等，实现施工全过程的可视化、持续化管理
	协调管理	管理每个供应商的深入设计和专业协调工作，提高项目信息的质量和施工效率，优化施工现场的环境和资源分配，并减少施工现场各方之间的相互干扰
	进度管理	利用 BIM 模型比较计划施工时间与实际施工时间的关系，细分为特定的楼层、施工部分和施工类别，全面动态地了解项目进度、资源需求、供应商生产和分配状况，以及施工和资源分配冲突与矛盾，确保实现施工期目标。检查施工进度偏差，并对其进行优化

续表

应用阶段	应用场景	应用要求
生产及 施工阶段	质量安全管理	① 基于 BIM 施工模型。对复杂的施工过程进行数字仿真，以实现 3D 可视化技术澄清；复杂结构的 3D 放样，实现定位和监控；工程风险的自动识别和分析，以及保护计划仿真；远程质量验收。 ② 数字化监控。移动通信和物联网技术的综合应用，构建 BIM 与现场（周围，洞穴入口及其他风险源）监控数据的融合机制，实现施工现场的统一通信和动态监控，并对施工现场的质量进行监控
	造价管理	使用 BIM 模型，完善工程量清单及进行投标报价，对项目动态成本进行实时、准确的分析和计算，为分包专业投标、进度付款、结算等提供工程支持

项目采取公开招标及资格预审的方式进行招标，对于购买招标文件的潜在 BIM 投标人，进行登记并进行现场调查。调查后，确定合格的单位。现场调查的内容主要集中在投标人资质等级、项目经理、BIM 人员、以往涉及类似 BIM 施工项目的业绩、企业实力以及综合能力。

5.4.2　S 施工项目评标专家构成及评审要求

（1）评标专家构成

S 施工项目的标书制作及评审过程由业主委托招标代理公司进行。由于当地评标专家库里有 BIM 专业人员，所以招标代理公司在当地省发改委专家库里随机抽取 3 位 BIM 技术专家及 3 位经济专家，并有 1 名业主代表作为技术专家。所以本次评标专家成员人数为 7 人单数，其中招标人（业主）代表 1 人，其他专家 6 人，技术专家为 BIM 专家 4 人，经济专家 3 人。

（2）初步评审

工程施工招标项目初步评审内容见表 5-4。

表 5-4　工程施工招标项目初步评审内容

项目	评审因素	评审标准
形式 评审	投标人名称	与营业执照、资质证书、安全生产许可证一致
	投标函签字盖章	投标函应有单位盖章或法定代表人或法定代表人授权的代理人签字或盖章
	投标文件格式	投标文件应符合投标人须知规定格式
	投标文件内容	内容应齐全，关键字迹应清晰、易于辨认
	报价唯一	不得递交 2 份或多份内容不同的投标文件，对同一招标项目只能有 1 个报价

项目	评审因素	评审标准
资格评审	营业执照	具有有效的营业执照
	安全生产许可证	具有有效的安全生产许可证
	资质等级	二级及其以上施工总承包资质
	项目经理	具有二级或者一级建造师证、项目经理安全 B 证,未在其他项目中担任项目经理,具备担任不少于 2 个公共建筑的 BIM 项目实施经验,并提供至少 1 年的单位社保记录
	财务要求	符合投标人须知规定
	业绩要求	企业具备 BIM 项目的类似业绩不得低于 2 个
	其他要求	具备 5 名以上的 BIM 团队成员,并且必须具有相关 BIM 等级考试证书,并提供至少 6 个月的单位社保记录;失信人、有犯罪记录的法人不得作为投标人参与招投标活动
	投标人名称或组织结构	与资格预审时一致
	联合体投标	当采用联合体投标时,联合体的总组织者必须是施工单位
响应性评审	投标报价	符合投标人须知规定
	投标内容	符合投标人须知规定
	工期	15 个月
	工程质量	省级示范项目
	投标有效期	符合投标人须知规定
	权利义务	符合合同条款及格式规定
	已标价工程量清单	依据投标人深化设计后的图纸为依据,编制 BIM 工程量清单
	技术标准和要求	符合技术标准和要求规定
施工组织设计评审	质量管理体系与措施	符合技术标准和要求规定
	安全管理体系与措施	符合技术标准和要求规定
	环境保护管理体系与措施	符合技术标准和要求规定
	工程进度计划与措施	符合技术标准和要求规定
	资源配备计划与措施	符合技术标准和要求规定
项目管理机构评审	机构人员组成	符合项目管理机构规定
	人员资格	符合项目管理机构规定
	人员经验和业绩	符合项目管理机构规定

（3）详细评审

招标文件中规定的应用 BIM 技术的 S 施工项目详细评审的技术标、商务标、资质标评分办法见表 5-5～表 5-7,其中技术标满分 55 分,商务标满分 25 分,资质标满分 20 分。

表 5-5　应用 BIM 技术的 S 施工项目技术标评分办法

序号	评审点	标准	分值（55 分）
1	BIM 应用策划（4 分）	达到的项目预期目标和效益，最高得 1 分	1
2		从始至终使用 BIM 技术，得 1 分；BIM 技术流程合理，得 1 分；软件间完美兼容，得 1 分；否则酌情扣分	3
3	信息模型整体情况（11 分）	施工信息模型的模型深度非常符合项目及招标文件的要求，得 5 分；比较符合项目及招标文件的要求，得 3~4 分；一般符合项目及招标文件的要求，得 2 分；符合性较差的得 0~1 分	5
4		信息可共享、可交换、可应用，最高得 3 分；不足的视情况酌情减分	3
5		检查施工信息模型的方法先进、有效的，最高得 3 分；不足的视情况酌情减分	3
6	深化设计 BIM 应用（6 分）	建筑、结构、设备、管线等各专业模型进行合并，对施工阶段进行综合碰撞检测、分析和模拟，最高得 3 分；不足的视情况酌情减分	3
7		现浇混凝土结构、机电的功能能够达到招标文件要求，碰撞检查合理，最高得 3 分；不足的视情况酌情减分	3
8	施工模拟 BIM 应用及场地布置（7 分）	对施工过程进行动态管理，监督、检查现场的人员、机械、材料、施工及作业方法、施工环境等，实现施工全过程的可视化、持续化管理，最高得 4 分；不足的视情况酌情减分。场地布置合理，设施设备齐全、材料堆放合理，最高得 3 分；不足的视情况酌情减分	4
9		施工工艺模拟结果符合招标文件要求，并能提供可视化资料，最高得 2 分；不足的视情况酌情减分	2
10		信息添加方法合理、简洁的，得 1 分	1
11	协调管理 BIM 应用（3 分）	管理每个供应商的专业协调工作，提高项目信息的质量和施工效率，优化施工现场的环境和资源分配，并减少施工现场各方之间的相互干扰，最高得 3 分；不足的视情况酌情减分	3
12	进度管理 BIM 应用（5 分）	利用 BIM 模型比较计划施工时间与实际施工时间的关系，细分为特定的楼层，施工部分和施工类别，全面动态地了解项目进度，最高得 3 分；不足的视情况酌情减分	3
13		检查施工进度偏差并对其进行优化，成果和软件符合招标文件要求的，最高得 2 分；不足的视情况酌情减分	2

续表

序号	评审点	标准	分值（55 分）
14	质量管理 BIM 应用（4 分）	对复杂的施工过程进行数字仿真，以实现 3D 可视化技术澄清；实现远程质量验收，最高得 2 分；不足的视情况酌情减分	2
15		移动通信和物联网技术的综合应用，构建 BIM 对施工现场的质量进行监控，最高得 2 分；不足的视情况酌情减分	2
16	安全管理 BIM 应用（4 分）	工程风险的自动识别和分析以及保护计划仿真，最高得 2 分；不足的视情况酌情减分	2
17		对重点部位、隐蔽工程、重大安全隐患风险点进行 BIM 与现场监控数据的融合，实现施工现场的安全监控，最高得 2 分；不足的视情况酌情减分	2
18	成本管理 BIM 应用（4 分）	动态成本进行实时、准确的分析和计算，有效进行成本控制，最高得 3 分；不足的视情况酌情减分	3
19		添加信息的方法合理、简洁，成果和软件符合招标文件要求的，最高得 1 分；不足的视情况酌情减分	1
20	竣工验收与交付 BIM 应用（2 分）	添加信息的方法合理、简洁，成果和软件符合招标文件要求的，最高得 2 分；不足的视情况酌情减分	2
21	项目负责人答辩（5 分）	项目经理本人答辩，得 2 分；内容正确、完整，回答真实、准确，得 3 分；不足的视情况酌情减分	5

表 5-5 中的 1～21 项中，涉及使用 BIM 模型进行项目管理的，要求必须进行现场演示，根据现场演示情况和标书中相应内容满足项目管理情况进行打分。

表 5-6　应用 BIM 技术的 S 施工项目商务标评分办法

序号	评审点	标准	分值（25 分）
1	投标报价（20 分）	投标报价等于评标基准价为满分。投标报价偏差率每高 1%扣 1 分，每低 1%扣 0.5 分；最低 0 分；偏离不足 1%的，按照插值法计算，精确到小数点后 2 位。评标基准价为各投标人报价的平均值。 偏差率＝（投标人有效投标价－评标基准价）/评标基准价×100%	20
2	分项报价（5 分）	利用 BIM 导出的工程量清单没有缺项漏项，清单报价编制合理，各种表格齐全。最高得 5 分，不足的视情况酌情减分	5

表 5-7　应用 BIM 技术的 S 施工项目资质标评分办法

序号	评审点	标准	分值（20 分）
1	人员配备（6 分）	项目成员中具有高级职称人数 50%（含）以上，得 2 分；在 30% 以上，50% 以下，得 1 分；其他情况不得分	2
2		项目人员构成中，除了满足招标文件的资格评审要求，还需要配备施工员、质量员、专职安全员、资料员、造价员、材料员，还必须配备建筑师、结构等人员。人员配备齐全，得 2 分；每缺 1 人，扣 0.5 分（必须附相应证书及 0.6 个月的社保证明）	4
3	项目经理类似业绩（3 分）	除了满足招标文件的资格评审中要求的项目经理担任不少于 2 个公共建筑的 BIM 项目实施经验，在此基础上，每增加 1 项类似业绩，加 1 分，最多加 3 分	3
4	企业类似业绩（5 分）	除了满足招标文件的资格评审中要求的企业具备 BIM 项目的类似业绩不得低于 2 个，在此基础上，每增加 1 项类似业绩，加 1 分，最多加 5 分	5
5	获奖情况（4 分）	企业类似项目获得国家级奖项，每 1 项加 2 分；获得省级奖项，每 1 项加 1 分。此项最高得 4 分	4
6	体系认证（2 分）	企业获得质量管理体系认证、环境管理体系认证、职业健康与安全管理体系认证并在有效期内的，得 2 分；缺 1 项扣 1 分，直至 0 分	2

5.4.3　S 施工项目技术标评审

根据发布的招标文件，S 施工项目的技术标评审主要是考察投标人从前期 BIM 策划到中期施工组织设计，再到后期的交付运营全生命周期的 BIM 应用和管理能力，并按照评分办法进行打分，主要有以下几方面。

（1）模型整体评审

在该环节，评标专家可以直观地看到各构部件的尺寸、材料、结构设计等的合理性，通过缩放，可以定位到任意想查看的楼层或部位，无论组件还是整体大部件的参数属性、施工方法、施工工序等都一目了然。将传统评审清单、表格、文字的方式改变为立体评审三维建筑模型，可以大大增强评标过程的针对性和深度。BIM 模型检查示意图如图 5-1 所示。

图 5-1　BIM 模型检查示意

（2）进度计划评审

在该环节，评标专家可以直观地以图 4D 动画形式，拖动查看技术标的进度计划，还可以看到不同专业分包商之间的组织计划配合得如何，可以充分体现出投标人的综合协作水平、资源调度水平和保障水平，也加深了评标专家对各投标单位技术实力的评判，最终作出准确的打分。

（3）成本计划评审

该环节依托 3D 建筑模型进度计划，将成本计划添加到整个模型上，形成真正的 5D 模型，评标专家可以看到投标人对资源和资金的需求和安排，通常以月、周、日等不同时间单位呈现，也可以用来发现其中的资金使用风险，及时进行成本控制。

（4）场地布置评审

在该环节，投标人主要对施工现场以及临时设施进行三维布局展示，通过三维场地布局模型、建筑信息模型以及测量方案模型的深度融合，形成不同视角的场地布置方案，辅助专家对投标方案进行漫游审查。比二维平面图纸审查具有更立体、更直观、更形象的优点，一定程度上提高了评审结果的准确性。

（5）节点细部评审

在该环节，投标人主要通过播放动画和视频的方式，向评标专家展现重点和难点部位的施工工艺。改变了传统的文字描述，增强了直观体验，降低了技术交底的难度。

（6）安全管理评审

评标专家对 BIM 模型进行漫游，审查投标单位对文明施工规范、安全设施配备等安全规章理解和执行情况，还可以对重点部位、隐蔽工程、重大安全隐患风险点进行审查，提前制定应对方案。此外，还可以结合 BIM 模型和其他相应的灾害分析软件，对 S 施工项目周边的地貌特征等进行地质灾害分析，制定防灾、减灾以及灾难应急预案。

5.4.4　S 项目根据 BIM 模型进行商务标评审

根据发布的招标文件，S 施工项目的商务标评审主要是考察投标人根据 BIM 模型制作的投标清单报价、各种税费等的合理性。主要有以下两方面。

（1）评审报价

从项目的整体角度来看，检查总体报价和分项报价是否合理，查看各工程量清单的具体内容，并与基于云端数据的钢筋、混凝土和其他基材的大数据应用结合在一起，使不合理的工程报价变得显而易见。比如投标单位报送的某一材料价格，在非指定厂家情况下可以选择市场价、经验价、平均询价等，建立系统化、智能化的材料价格信息库，避免因信息不对称导致的定价风险。

此外，在评标过程中，在云端数据网站上获取了评标时商品混凝土、钢筋等材料的价格走势图，尽管图中显示这两种主要的建筑材料的价格呈现稳定向下的趋势，但是本项目的工程建设为未来行为，投标报价时不能单纯依靠目前的价格数据，还应该利用 BIM 平台分析不同时期这两种材料的市场价格以及波动情况，合理确定价格变动系数，之后建立相关的数学模型，估算出最贴近真实情况的材料价格，进行相应的投标报价。

（2）规费详查

该环节主要对细部的报价及相关规费进行详查。为了快速筛选出需要评估的组件项，运用勾选、选框、组件查询等手段，将三维信息模型与数据相结合，从组件级展现商务标数据，有利于评标专家直截了当发现存在的关键问题。

5.4.5　评标结果验证

在 BIM 招标文件规定的时间地点，项目的投标评审由业主和招标机构共同组织完成。本项目的投标评审采用综合评估方法。

投标人得分组成为技术标、商务标和资质标得分之和，总分 100 分，其中技术标占 55 分，商务标占 25 分，资质标占 20 分，最终得分经四舍五入后取整数。

评标委员会从当地省发改委评标专家库中随机抽取 6 人，业主代表 1 人组成，共 7 人。其中 BIM 技术评标专家 4 人，经济专家 3 人。

由于在规定的截止时间前，参与投标的投标人为 A、B、C、D、E 共 5 家，且无废标情形，本次 S 施工项目的所有 BIM 投标文件都是有效的投标，因此评标委员会评审了 A、B、C、D、E 共 5 家投标人的投标文件。

按上述评标流程和方法，7 位评标专家对 5 家投标人进行了打分，最终评标结果如表 5-8 所示。

表 5-8　评标结果

序号	评标专家 1	评标专家 2	评标专家 3	评标专家 4	评标专家 5	评标专家 6	评标专家 7	平均值
A	85	78	83	75	83	82	72	80
B	82	80	78	84	83	79	83	81
C	81	83	75	79	80	76	74	78
D	85	84	87	85	86	84	82	85
E	58	62	60	57	59	55	61	59

按分数高低顺序，确定最高分的 D 单位为本项目中标方，前 3 名的排序是 D、B、A。

第 6 章
中标的施工项目合同签订

6.1 合同及建设工程合同有关内容概述

6.1.1 合同的概念及内容

（1）合同的概念

在《民法典》第四百六十四条对合同的定义进行了规定："合同是民事主体之间设立、变更、终止民事法律关系的协议"。合同的特征如下。

① 合同是一种合意。合同的本质是一种合意或协议。合同必须包括：双方当事人；双方当事人互相作出意思表示（要约和承诺，或者交叉要约）；双方当事人就主要条款达成协议（意思表示一致）。

② 合同是依照当事人的意愿发生法律效果的民事法律行为，能够产生当事人所预期的法律效果。

③ 合同是发生民法上效果的法律行为，合同以设立、变更或终止民事权利义务关系为目的。

（2）合同的形式

合同的形式是指合同双方当事人对合同的内容、条款，经过协商，作出共同的意思表示的具体方式。

《民法典》第四百六十九条规定："当事人订立合同，可以采用书面形式、口头形式或者其他形式。书面形式是合同书、信件、电报、电传、传真等可以有形地表现所载内容的形式。以电子数据交换、电子邮件等方式能够有形地表现所载内容，并可以随时调取查用的数据电文，视为书面形式。"

（3）合同的内容

合同的内容由当事人约定，一般包括的条款如下。

① 当事人的名称或者姓名和住所。这是每一个合同必须具备的条款，当事人是合同的主体。合同中要把各方当事人名称或者姓名和住所都规定准确、清楚，有利于合同的顺利履行，也利于确定诉讼管辖。

② 标的。标的是合同权利和义务所共同指向的对象。标的的表现形式为物、劳务、行为、智力成果、工程项目等。合同的标的必须明确、具体、合法。标的没有或不明确的，合同无法履行或不能成立。

③ 数量。数量是衡量合同标的多少的尺度，应选择使用共同接受的计量单位、计量方法和计量工具。若双方未约定具体数量，则合同无法履行。

④ 质量。质量是标的的内在品质和外观形态的综合指标。签订合同时，必须明确质量标准。如果标的有不同的质量标准，当事人应在合同中写明合同执行的是什么标准。如果国家有强制性标准，必须按照强制性标准执行，并可约定质量检验方法、质量责任期限等。

⑤ 价款或报酬。价款或报酬是指当事人一方履行义务时另一方当事人以货币形式支付的代价。合同中应规定清楚计算价款或者报酬的方法。

⑥ 履行期限、地点和方式。履行期限是当事人各方依照合同规定全面完成各自义务的时间。履行期限直接关系到合同义务完成的时间，涉及当事人的期限利益，也是确定违约与否的一个重要因素。履行地点是指当事人交付标的和支付价款或报酬的地点，是确定运输费用由谁负担、风险由谁承受的依据。履行方式是当事人完成合同规定义务的具体方法。履行方式包括很多方面内容，如标的的交付方式、价款或报酬的结算方式、货物运输方式等。

⑦ 违约责任。违约责任是任何一方当事人不履行或不适当履行合同规定的义务而应承担的法律责任。当事人可以在合同中约定，一方当事人违反合同时，向另一方当事人支付违约金或赔偿金。可在合同中约定定金、违约金、赔偿金的金额以及赔偿金额的计算方法等。

⑧ 解决争议的方法。解决争议的方法是指当事人在订立合同时约定，在合同履行过程中产生争议以后，通过哪种方式解决。即解决争议运用什么程序、适用何种法律、选择哪家检验或鉴定机构等内容。

当事人可以参照各类合同的示范文本订立合同。

6.1.2　建设工程合同的概念及特征

（1）建设工程合同的概念

建设工程合同是承包人进行工程建设，发包人支付价款的合同。建设工程合同的订立，应当遵循平等原则、自愿原则、公平原则、诚实信用原则、合法原则等。双方当事人应当在合同中明确各自的权利义务，但合同的主要内容是承包人进行工程建设，发包人支付工程款。建设工程合同是一种诺成合同，合同订立生效后双方应当严格履行。建设工程合同也是双务合同、有偿合同，当事人在合同中都有各自的权利和义务，享有权利的同时必须履行义务。

《民法典》第七百八十八条规定："建设工程合同包括工程勘察、设计、施工合同。"

（2）建设工程合同的特征

① 合同主体的严格性。合同的主体必须具有履约能力。发包人一般只能是经过批准进行工程项目建设的法人，必须有国家已批准的建设项目，落实了投资来源，并且具备相应的组织管理能力。承包人必须具备法人资格，而且应当具备相应的施工资质。无营业执照或无承包资质的单位不能作为建设工程合同的主体，资质等级低的单位不能越级承包。

② 合同标的的特殊性。建设工程合同的标的是各类建筑产品，建筑产品是不动产，这就决定了每个施工合同的标的都是特殊的，相互间具有不可替代性；这还决定了施工生产的流动性。另外，建筑产品类别庞杂，每一个建筑产品都需要单独设计和施工，决定了建设工程合同标的的特殊性。

③ 合同形式的特殊要求。由于建设工程的重要性和复杂性，在建设过程中经常会发生影响合同履行的纠纷，因此《民法典》第七百八十九条规定："建设工程合同应当采用书面形式。"

④ 合同履行期的长期性。建设工程结构复杂、体积庞大、建筑材料类型多、工作量大，使得建设工程合同的履行期都较长。建设工程合同的订立和履行一般需要较长的准备时间，在履行合同过程中还可能会出现不可抗力、工程变更、材料供应不及时等原因，从而导致合同工期的顺延。这些因素表明了建设工程合同的履行期具有长期性。

⑤ 计划和程序的严格性。国家对建设工程的计划和程序都有着严格的管理制度，订立建设工程合同必须以国家批准的投资计划为前提，并经过严格的审批程序。建设工程的订立和履行还必须符合国家关于建设程序的规定。

6.1.3　建设工程合同的类型及体系

（1）按合同内容的分类

建设工程合同分为三种类型：即建设工程勘察合同、建设工程设计合同、建设工程施工合同。

① 建设工程勘察合同。建设工程勘察合同是承包方进行工程勘察，发包方

支付价款的合同。建设工程勘察单位称为承包方，建设单位或者有关单位称为发包方（也称为委托方）。

建设工程勘察合同的标的是为建设工程需要而作的勘察成果。工程勘察是工程建设的第一个环节，也是保证建设工程质量的基础环节。从事建设工程勘察的单位应当依法取得相应等级的资质证书，并在其资质等级许可的范围内承揽工程勘察任务，具有法人资格。

建设工程勘察合同必须符合国家规定的基本建设程序，勘察合同由建设单位或有关单位提出委托，经与勘察部门协商，双方取得一致意见，即可签订。任何违反国家规定的建设程序的勘察合同均是无效的。

② 建设工程设计合同。建设工程设计合同是承包方进行工程设计，委托方支付价款的合同。建设单位或有关单位为委托方，建设工程设计单位为承包方。

建设工程设计合同的标的是为建设工程需要而作的设计成果。工程设计是工程建设的第二个环节，是保证建设工程质量的重要环节。从事建设工程设计的单位应当依法取得相应等级的资质证书，并在其资质等级许可的范围内承揽工程设计任务，具有法人资格。只有具备了上级批准的设计任务书，建设工程设计合同才能订立。小型单项工程必须具有上级机关批准的文件才能订立合同。如果单独委托施工图设计任务，应当同时具有经有关部门批准的初步设计文件才能订立合同。

③ 建设工程施工合同。建设工程施工合同是工程建设单位与施工单位，也就是发包方与承包方以完成商定的建设工程为目的，明确双方相互权利义务的协议。建设工程施工合同的发包方可以是法人，也可以是依法成立的其他组织或公民，而承包方必须是法人。

建设工程施工合同是工程建设的主要合同，是工程建设质量控制、投资控制、进度控制的主要依据。施工合同的当事人是发包人和承包人，双方是平等的民事主体，双方签订施工合同，必须具备相应资质条件和履行施工合同的能力。对合同范围内的工程实施建设时，发包人必须具备组织协调能力，承包人必须具备有关部门核定的资质等级并持有营业执照证明文件。

发包人可以是建设单位，也可以是取得建设项目总承包资格的项目总承包单位。作为业主的发包人可以是具备法人资格的国家机关、事业单位、国有企业、集体企业、私营企业、经济联合体和社会团体，也可以是依法登记的个人合伙、个体经营户或个人。承包人是指被发包人接受的具有工程施工承包主体资格的施工企业。

（2）按合同结构的分类

建设工程合同根据合同联系结构不同，可分为总承包合同与分别承包合同、总包合同与分包合同。

① 总承包合同与分别承包合同。总承包合同是指发包人将整个建设工程承包给一个总承包人而订立的建设工程合同。总承包人就整个工程对发包人负责。

分别承包合同是指发包人将建设工程的勘察、设计、施工工作分别承包给勘察人、设计人、施工人而订立的勘察合同、设计合同、施工合同。勘察人、设计人、施工人作为承包人，就其各自承包的工程勘察、设计、施工部分，分别对发包人负责。

② 总包合同与分包合同。总包合同是指发包人与总承包人或者勘察人、设计人、施工人就整个建设工程或者建设工程的勘察、设计、施工工作所订立的承包合同。总包合同包括总承包合同与分别承包合同，总承包人和承包人都直接对发包人负责。

分包合同是指总承包人或者勘察人、设计人、施工人经发包人同意，将其承包的部分工作承包给第三人所订立的合同。分包合同与总包合同是不可分离的。分包合同的发包人就是总包合同的总承包人或者承包人（勘察人、设计人、施工人）。分包合同的承包人即分包人，就其承包的部分工作与总承包人或者勘察、设计、施工承包人向总包合同的发包人承担连带责任。

（3）建设工程合同体系

① 业主的主要合同关系。业主作为工程、货物或服务的买方，可能是政府、国有或民营企业、其他投资者。业主根据对工程的需求，确定工程项目的总体目标。这个目标是所有相关合同的核心。要实现项目目标，业主必须将工程项目的咨询、勘察、设计、施工、设备和材料供应等工作委托出去，必须与有关单位签订合同。

② 承包商的主要合同关系。承包商是工程施工的具体实施者。承包商通过投标接受业主的委托，签订工程施工承包合同。承包商要履行合同义务，包括由工程量表所确定的工程范围的施工、竣工和保修，为完成工程提供劳动力、施工设备、材料，有时也包括设计。由于任何一个承包商都不可能也不必具备所有专业工程的施工能力、材料和设备的生产和供应能力，必然会将许多专业工作委托出去，因此，承包商有复杂的合同关系，承包商的主要合同关系如图 6-1 所示。

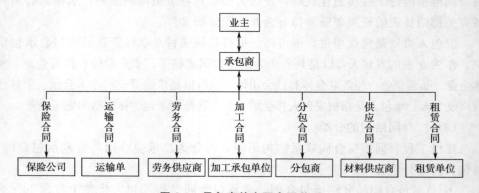

图 6-1 承包商的主要合同关系

③ 工程项目合同体系。业主为了实现工程项目总目标，按照项目任务的结构分解，签订不同层次、不同种类的合同，共同构成工程项目合同体系如图 6-2 所示。

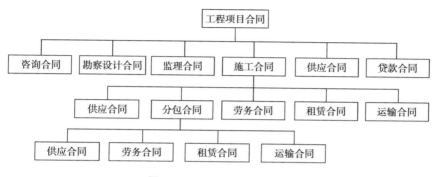

图 6-2　工程项目合同体系

从宏观上，这些合同构成项目的合同体系（也称为合同网络）；从微观上，每个合同都定义并安排了一些项目活动，这些项目活动共同构成项目的实施过程。在工程项目合同体系中，相关的同级合同之间，以及主合同与分合同之间存在着复杂的联系。

6.2　签订施工合同前的签约谈判

中标人确定后，招标人与中标人在规定的时间内签订施工合同。一般在签订合同前，都要进行签约谈判。

6.2.1　合同谈判的性质与原则

（1）谈判的性质

① 谈判是人的行为。谈判这一性质对于谈判各方来说，既可以成为一种动力，也可以成为一种阻力。

② 谈判是满足需要、获取利益的行为。但是谈判任何一方的需要都必须从与对方的合作中或从对方承诺的某种行为中才能得到满足。

③ 谈判是人与人之间的相互沟通行为。谈判各方需要的满足在相互沟通中实现。

（2）谈判的原则

① 客观性原则。要求谈判人全面搜集信息材料；客观分析信息材料；寻求

客观标准，如法律规定、国际惯例等；不屈从压力，只服从事实和真理。

② 求同存异的原则。谈判的前提是各方需要和利益的不同，但谈判的目的不是扩大分歧，而是弥合分歧，使各方成为谋求共同利益、解决问题的伙伴。

③ 公平竞争的原则。谈判是为了谋求一致需要合作，但合作并不排斥竞争。

a. 要做到公平竞争。各方地位一律平等。

b. 标准要公平。这个标准不应以一方认定的标准判断，而应以各方都认同的标准为标准。

c. 给人以选择机会。从各自提出的众多方案中筛选出最优的方案——最大限度满足各方需要的方案，没有选择就无从谈判。

d. 协议公平。只有公平的协议，才能保证协议的真正履行。强权之下达成的不平等协议是没有持久约束力的。

④ 妥协互补原则。所谓妥协就是用让步的方法避免冲突或争执。但妥协不是目的，而是求得利益互补。在谈判中会出现许多僵局，而唯有某种妥协才能打破僵局，使谈判得以继续，直至协议达成。

⑤ 依法谈判的原则。对于国内的商务谈判，应遵守我国有关的法律和法规。

6.2.2　决标前的谈判

决标前的谈判在招标人一方是通过评标委员会来完成的。对于施工项目招标，谈判要达到的目的在业主方面，一是进一步了解和审查候选中标单位的施工方案和技术措施是否合理、先进、可靠，以及准备投入的施工力量是否足够雄厚，能否保证工程质量和进度；二是进一步审核报价，并在付款条件、付款期限及其他优惠条件等方面取得候选中标单位的承诺。谈判要达到的目的在候选中标单位方面，则是力求使自己成为中标者，并以尽可能有利的条件签订合同。

决标前的谈判主要进行两方面的谈判：技术性谈判和经济性谈判。

（1）技术性谈判

技术性谈判又称技术答辩，通常由招标方的评标委员会主持，主要是了解候选中标单位中标后将如何组织施工，对保证工期、工程质量和技术复杂的部位将采取什么关键措施等。候选中标单位应认真细致地准备，对投标书的有关部分作必要的补充说明，必要时可提交图解、照片或录像等资料；还可以提出与竞争对手对比的有关资料，以引起评标委员会的重视，增强自己的竞争优势。

（2）经济性谈判

经济性谈判主要是价格问题。在国际招标活动中，有时在决标前的谈判中允许招标方提出压价的要求；在利用世界银行贷款项目和我国国内项目的招标活动中，开标后不许压低标价，但在付款条件、付款期限、贷款和利率，以及外汇比率等方面是可以谈判的。候选中标单位要对招标方的要求逐条分析，采取适当的对策，既要准备应付压价，又要针对招标方增加项目、修改设计、提高标准等要求，不失时机地适当增加报价，以补回压价的损失。除了价格谈判以外，候选中标单位还可以探询招标方的意图，投其所好，以许诺使用当地劳务或分包、免费培训施工和生产技术工人以及竣工后无偿赠送施工机械设备等优惠条件，增强自己的竞争力，争取最后中标。

6.2.3　合同谈判

合同谈判是中标后，准备订立合同的双方或多方当事人为相互了解、确定合同权利与义务而进行的商议活动。

根据《招标投标法》和《招标投标法实施条例》规定，招标人和中标人应当在投标有效期内以及中标通知书发出之日起 30 日内，按照招标文件和中标人的投标文件订立书面合同，招标人和中标人不得再行订立背离合同实质性内容的其他协议。法律禁止招标人与投标人就投标价格、投标方案等实质性内容进行谈判，法律并未禁止招标人与投标人就投标价格、投标方案等实质性内容之外的内容进行谈判。发出中标通知书之后，法律规定招标人和中标人应当按照招标文件和中标人的投标文件订立书面合同，但是双方会存在一些在招标文件或投标文件中没有包括（或有不同认识）的内容需要交换意见，需要协商，这其实就是合同谈判。

合同谈判的内容因项目情况和合同性质、原招标文件规定、发包人的要求而异。在一般情况下合同谈判会涉及合同的商务、技术所有条款。采用 BIM 技术的施工项目，合同谈判内容主要包括以下几点。

（1）关于工程内容和范围

招标人和中标人可就招标文件中的某些具体工作内容进行讨论、修改、明确或细化，从而确定工程承包的具体内容和范围。在谈判中双方达成一致的内容，包括在谈判讨论中经双方确认的工程内容和范围方面的修改或调整，应以文字方式确定下来，以合同补遗或会议纪要形式作为合同附件，并明确其是构成合同的一部分。对于 BIM 施工项目，如下内容需要达成一致。

① 承包人负责搭建以云端数据储存系统为支撑的信息管理平台及多用户协同管理平台，实现项目管理全寿命周期内的信息数据的同步及共享，并负责视频会议及通信系统的搭建及维护。

② 按发包人信息化管理的要求配备人员、计算机和网络设备以及相关软件，费用含在合同报价中。

③ 承包人在项目开工前应制定适合本项目标段的 BIM 信息化管理实施方案，

报送监理单位及业主单位审核通过后实施，相关费用包含在合同报价中。承包人负责利用项目管理软件，实现施工组织设计并保证施工组织设计的精细化及可执行性。

④ 承包人在室内外管线及接触网基础施工前，须应用 BIM 技术进行三维管线的碰撞检查，向监理及发包人提交碰撞检查报告，并对碰撞检查中出现冲突的节点予以解决后方可进行室内外综合管线与接触网基础的施工。

⑤ 本项目自合同签订至项目竣工移交全过程，引入 BIM 技术及信息管理平台，为工程参建各方：监理、施工承包商、设计、业主等，开展日常项目管理工作提供有力的辅助工具。

⑥ BIM 软件使用中及竣工验收后的归属权问题。

（2）关于技术要求、技术规范和施工技术方案

双方应当对技术要求、技术规范和施工技术方案等进行进一步讨论和确认，必要的情况下甚至可以变更技术要求和施工方案。

（3）关于合同价格条款

依据计价方式的不同，建设工程施工合同可以分为总价合同、单价合同和成本加酬金合同。一般在招标文件中就会明确规定合同将采用什么计价方式，在合同谈判阶段往往没有讨论的余地。但在可能的情况下，中标人在谈判过程中仍然可以提出降低风险的改进方案。

（4）关于价格调整条款

对于工期较长的建设工程，容易遭受货币贬值或通货膨胀等因素的影响，可能给承包人造成较大损失。价格调整条款可以比较公正地解决这一承包人无法控制的风险损失。无论是单价合同还是总价合同，都可以确定价格调整条款，即是否调整以及如何调整等。

（5）关于合同款支付方式的条款

建设工程施工合同的付款分四个阶段进行：预付款、工程进度款、最终付款和退还保留金。关于支付时间、支付方式、支付条件和支付审批程序等有很多种可能的选择，并且可能对承包人的成本、进度等产生比较大的影响，因此，合同支付方式的有关条款是谈判的重要方面。

（6）关于工期和维修期

中标人与招标人可根据招标文件中要求的工期，或者根据投标人在投标文件中承诺的工期，考虑工程范围和工程量的变动而产生的影响商定一个确定的工期。同时，还要明确开工日期、竣工日期等。双方可根据各自的项目准备情况、季节和施工环境因素等条件洽商适当的开工时间。

双方应通过谈判明确由于工程变更、恶劣的气候影响，以及作为一个有经验的承包人无法预料的工程施工条件的变化等原因对工期产生不利影响时的解决办

法。合同文本中应对维修工程的范围、维修责任及维修期的开始和结束时间有明确的规定。

（7）合同条件中其他特殊条款的完善

主要包括：关于合同图纸；关于违约罚金和工期提前奖金，工程量验收以及衔接工序和隐蔽工程施工的验收程序；关于施工占地；关于向承包人移交施工现场和基础资料；关于工程交付，预付款保函的自动减额条款等。

6.2.4　合同最后文本的确定和合同草签

（1）合同风险评估

在签订合同之前，承包人应对合同的合法性、完备性、合同双方的责任、权益以及合同风险进行评估、认定和评价。

（2）合同文件内容

建设工程施工承包合同文件构成：合同协议书；工程量及价格；合同条件，包括合同一般条件和合同特殊条件；投标文件；合同技术标准和要求；图纸；中标通知书；双方代表共同签署的合同补遗，有时也以合同谈判会议纪要形式；招标文件；其他双方认为应该作为合同组成部分的文件。

对所有在招标投标及谈判前后各方发出的文件、文字说明、解释性资料进行清理。对凡是与上述合同构成内容有矛盾的文件，应宣布作废。可以在双方签署的合同补遗中，对此作出排除性质的声明。

（3）关于合同协议的补遗

在合同谈判阶段双方谈判的结果一般以合同补遗的形式，有时也可以以合同谈判会议纪要形式，形成书面文件。同时应该注意的是，建设工程施工承包合同必须遵守法律。对于违反法律的条款，即使由合同双方达成协议并签了字，也不受法律保障。

（4）签订合同

对方在合同谈判结束后，应按上述内容和形式形成一个完整的合同文本草案，经双方代表认可后形成正式文件。双方核对无误后，由双方代表草签，至此合同谈判阶段即告结束。此时，承包人应及时准备和递交履约保函，准备正式签署施工承包合同。

（5）提交书面报告

招标人在确认正式中标人后 15 日内，必须向有关建设主管部门提交招标投标情况的书面报告，有关招标投标情况书面报告应包括的内容如下。

① 招标投标的基本情况。包括招标范围、招标方式、资格审查、开评标过程和确定中标人的方式及理由等。

② 相关的文件资料。包括招标公告或者投标邀请书、投标报名表、资格预审文件、招标文件、评标委员会的评标报告（设有标底的，应当附标底及编审证明资料）、中标人的投标文件。委托工程招标代理的，还应当附工程施工招标代理委托合同。

6.3 施工合同订立

施工合同的通用条款和专用条款尽管在招标投标阶段已作为招标文件的组成部分，但在合同订立过程中有些问题还需要明确或细化，以保证合同的权利和义务界定清晰。

6.3.1 《建设工程施工合同示范文本》（GF—2017—0201）介绍

为了指导建设工程施工合同当事人的签约行为，维护合同当事人的合法权益，依据《中华人民共和国建筑法》《中华人民共和国招标投标法》以及相关法律、法规，住房城乡建设部、原国家工商行政管理总局对《建设工程施工合同（示范文本）》（GF—2013—0201）进行了修订，制定了《建设工程施工合同（示范文本）》（GF—2017—0201）（以下简称《示范文本》）。《示范文本》为非强制性使用文本。

《示范文本》适用于房屋建筑工程、土木工程、线路管道和设备安装工程、装修工程等建设工程的施工承发包活动，合同当事人可结合建设工程具体情况，根据《示范文本》订立合同，并按照法律、法规规定和合同约定承担相应的法律责任及合同权利义务。《示范文本》包括合同协议书、通用合同条款、专用合同条款三个部分。

（1）合同协议书

《示范文本》合同协议书共计 13 条，主要包括：工程概况、合同工期、质量标准、签约合同价和合同价格形式、项目经理、合同文件构成、承诺以及合同生效条件等重要内容，集中约定了合同当事人基本的合同权利义务。

（2）通用合同条款

通用合同条款是合同当事人根据《中华人民共和国建筑法》等法律、法规的规定，就工程建设的实施及相关事项，对合同当事人的权利义务作出的原则性约定。

通用合同条款共计 20 条，具体条款分别为：一般约定、发包人、承包人、监理人、工程质量、安全文明施工与环境保护、工期和进度、材料与设备、试验与检验、变更、价格调整、合同价格、计量与支付、验收和工程试车、竣工结算、缺陷责任与保修、违约、不可抗力、保险、索赔和争议解决。前述条款安排既考虑了现行法律、法规对工程建设的有关要求，也考虑了建设工程施工管理的特殊需要。

（3）专用合同条款

专用合同条款是对通用合同条款原则性约定的细化、完善、补充、修改或另行约定的条款。合同当事人可以根据不同建设工程的特点及具体情况，通过双方的谈判、协商对相应的专用合同条款进行修改补充。在使用专用合同条款时，应注意以下几点。

① 专用合同条款的编号应与相应的通用合同条款的编号一致；

② 合同当事人可以通过对专用合同条款的修改，满足具体建设工程的特殊要求，避免直接修改通用合同条款；

③ 在专用合同条款中有横道线的地方，合同当事人可针对相应的通用合同条款进行细化、完善、补充、修改或另行约定；如无细化、完善、补充、修改或另行约定，则填写"无"或划"/"。

目前施工合同订立时，主要按照《示范文本》的内容和格式。

6.3.2　建设工程施工合同涉及的有关各方

（1）发包人

发包人是指在协议书中约定，具有工程发包主体资格和支付工程价款能力的当事人以及取得该当事人资格的合法继受人。

（2）承包人

承包人是指在协议书中约定，被发包人接受的具有工程施工承包主体资格的当事人以及取得该当事人资格的合法继受人。项目经理是承包人在专用条款中指定的负责施工管理和合同履行的代表。

（3）监理工程师

监理工程师是指工程监理单位委派的总监理工程师或发包人指定的履行合同的代表，其具体身份和职权由发包人在专用条款中约定，但职责不得相互交叉。监理单位是指发包人委托的负责工程监理并取得相应工程监理资质等级证书的单位。

（4）设计单位

设计单位是指发包人委托的负责工程设计并取得相应工程设计资质等级证书的单位。

（5）工程造价管理部门

工程造价管理部门是指国务院有关部门、县级以上人民政府建设行政主管部门或其委托的工程造价管理机构。

6.3.3　施工合同通用条款的主要内容

（1）发包人

发包人的工作主要有：施工现场、施工条件和基础资料的提供；资金来源证明及支付担保；支付合同价款；组织竣工验收；现场统一管理协议，即发包人应与承包人、由发包人直接发包的专业工程的承包人签订施工现场统一管理协议，明确各方的权利义务。

（2）承包人

① 承包人的一般义务。承包人在履行合同过程中应遵守法律和工程建设标准规范，并履行以下义务：办理法律规定应由承包人办理的许可和批准，并将办理结果书面报送发包人留存；按法律规定和合同约定完成工程，并在保修期内承担保修义务；按法律规定和合同约定采取施工安全和环境保护措施，办理工伤保险，确保工程及人员、材料、设备和设施的安全；按合同约定的工作内容和施工进度要求，编制施工组织设计和施工措施计划，并对所有施工作业和施工方法的完备性和安全可靠性负责；在进行合同约定的各项工作时，不得侵害发包人与他人使用公用道路、水源、市政管网等公共设施的权利，避免对邻近的公共设施产生干扰，承包人占用或使用他人的施工场地，影响他人作业或生活的，应承担相应责任；按照环境保护的相关约定负责施工场地及其周边环境与生态的保护工作；按安全文明施工的相关约定采取施工安全措施，确保工程及其人员、材料、设备和设施的安全，防止因工程施工造成的人身伤害和财产损失；将发包人按合同约定支付的各项价款专用于合同工程，且应及时支付其雇用人员工资，并及时向分包人支付合同价款；按法律规定和合同约定编制竣工资料，完成竣工资料立卷及归档，并按专用合同条款约定的竣工资料的套数、内容、时间等要求移交发包人等义务。

② 项目经理。项目经理应为合同当事人所确认的人选，并在专用合同条款中明确项目经理的姓名、职称、注册执业证书编号、联系方式及授权范围等事项，项目经理经承包人授权后代表承包人负责履行合同。项目经理应是承包人正式聘用的员工，承包人应向发包人提交项目经理与承包人之间的劳动合同，以及承包人为项目经理缴纳的社会保险的有效证明。

③ 分包。分包的一般约定：承包人不得将其承包的全部工程转包给第三人，或将其承包的全部工程肢解后以分包的名义转包给第三人。承包人不得将工程主体结构、关键性工作及专用合同条款中禁止分包的专业工程分包给第三人。承包人不得以劳务分包的名义转包或违法分包工程。

承包人应向监理人提交分包人的主要施工管理人员表，并对分包人的施工员进行实名制管理。分包合同价款由承包人与分包人结算，未经承包人同意，发包人不得向分包人支付分包工程价款；生效法律文书要求发包人向分包人支付分包合同价款的，发包人有权从应付承包人工程款中扣除该部分款项。

④ 联合体。联合体各方应共同与发包人签订合同协议书。联合体各方应为履行合同向发包人承担连带责任。联合体协议经发包人确认后作为合同附件。在履行合同过程中，未经发包人同意，不得修改联合体协议。联合体牵头人负责与发包人和监理人联系，并接受指示，负责组织联合体各成员全面履行合同。

（3）监理人

① 监理人的一般规定。工程实行监理的，发包人和承包人应在专用合同条款中明确监理人的监理内容及监理权限等事项。监理人应当根据发包人授权及法律规定，代表发包人对工程施工相关事项进行检查、查验、审核、验收，并签发相关指示，但监理人无权修改合同，且无权减轻或免除合同约定的承包人的任何责任与义务。除专用合同条款另有约定外，监理人在施工现场的办公场所、生活场所由承包人提供，所发生的费用由发包人承担。

② 监理人员。发包人授予监理人对工程实施监理的权利由监理人派驻施工现场的监理人员行使，监理人员包括总监理工程师及监理工程师。监理人应将授权的总监理工程师和监理工程师的姓名及授权范围以书面形式提前通知承包人。更换总监理工程师的，监理人应提前 7 天书面通知承包人；更换其他监理人员，监理人应提前 48 小时书面通知承包人。

（4）工程质量

① 质量要求。工程质量标准必须符合现行国家有关工程施工质量验收规范和标准的要求。有关工程质量的特殊标准或要求由合同当事人在专用合同条款中约定。因发包人原因造成工程质量未达到合同约定标准的，由发包人承担由此增加的费用和（或）延误的工期，并支付承包人合理的利润。因承包人原因造成工程质量未达到合同约定标准的，发包人有权要求承包人返工直至工程质量达到合同约定的标准为止，并由承包人承担由此增加的费用和（或）延误工期。

② 质量保证措施。发包人应按照法律规定及合同约定完成与工程质量有关的各项工作。承包人按照施工组织设计的约定向发包人和监理人提交工程质量保证体系及措施文件，建立完善的质量检查制度，并提交相应的工程质量文件。对于发包人和监理人违反法律规定和合同约定的错误指示，承包人有权拒绝实施。承包人应对施工人员进行质量教育和技术培训，定期考核施工人员的劳动技能，严格执行施工规范和操作规程。

③ 监理人的质量检查和检验。监理人按照法律规定和发包人授权对工程的所有部位及其施工工艺、材料和工程设备进行检查和检验。承包人应为监理人的检查和检验提供方便，包括监理人到施工现场，或制造、加工地点，或合同约定

的其他地方进行察看和查阅施工原始记录。监理人为此进行的检查和检验，不免除或减轻承包人按照合同约定应当承担的责任。

④ 隐蔽工程检查。承包人应当对工程隐蔽部位进行自检，并经自检确认是否具备覆盖条件。除专用合同条款另有约定外，工程隐蔽部位经承包人自检确认具备覆盖条件的，承包人应在共同检查前 48 小时书面通知监理人检查，通知中应载明隐蔽检查的内容、时间和地点，并应附有自检记录和必要的检查资料。监理人应按时到场并对隐蔽工程其施工工艺、材料和工程设备进行检查。经监理人检查确认质量符合隐蔽要求，并在验收记录上签字后，承包人才能进行覆盖。经监理人检查质量不合格的，承包人应在监理人指示时间内完成修复，并由监理人重新检查，由此增加的费用和延误的工期由承包人承担。

(5) 安全文明施工与环境保护

① 安全生产要求。合同履行期间，合同当事人均应当遵守国家和工程所在地有关安全生产的要求，合同当事人有特别要求的，应在专用合同条款中明确施工项目安全生产标准化达标目标及相应事项。承包人有权拒绝发包人及监理人强令承包人违章作业、冒险施工的任何指示。在施工过程中，如遇到突发的地质变动、事先未知的地下施工障碍等影响施工安全的紧急情况，承包人应及时报告监理人和发包人，发包人应当及时下令停工并报政府有关行政管理部门采取应急措施。

② 安全生产保证措施。承包人应当按照有关规定编制安全技术措施或者专项施工方案，建立安全生产责任制度、治安保卫制度及安全生产教育培训制度，并按安全生产法律规定及合同约定履行安全职责，如实编制工程安全生产的有关记录，接受发包人、监理人及政府安全监督部门的检查与监督。

③ 特别安全生产事项。承包人应按照法律法规的规定进行施工，开工前做好安全技术交底工作，施工过程中做好各项安全防护措施。承包人为实施合同而雇用的特殊工种的人员应受过专门的培训并已取得政府有关管理机构颁发的上岗证书。承包人在动力设备、输电线路、地下管道、密封防震车间、易燃易爆地段以及临街交通要道附近施工时，施工开始前应向发包人和监理人提出安全防护措施，经发包人认可后实施。实施爆破作业，在放射、毒害性环境中施工（含储存、运输、使用）及使用毒害性、腐蚀性物品施工时，承包人应在施工前 7 天以书面通知发包人和监理人，并报送相应的安全防护措施，经发包人认可后实施。

④ 文明施工。承包人在工程施工期间，应当采取措施保持施工现场平整，物料堆放整齐。工程所在地有关政府行政管理部门有特殊要求的，按照其要求执行。合同当事人对施工有其他要求的，可以在专用合同条款中明确。在工程移交之前，承包人应当从施工现场清除承包人的全部工程设备、多余材料、垃圾和各种临时工程，并保持施工现场清洁整齐。经发包人书面同意，承包人可在发包人

指定的地点保留承包人履行保修期内的各项义务所要的材料、施工设备和临时工程。

⑤ 安全生产责任。发包人应负责赔偿以下各种情况造成的损失：工程或工程的任何部分对土地的占用所造成的第三者财产损失；由于发包人原因在施工场地及其毗邻地带造成的第三者人身伤亡和财产损失；由于发包人原因对承包人、监理人造成的人员人身伤亡和财产损失；由于发包人原因造成的发包人自身人员的人身伤害以及财产损失。

由于承包人原因在施工场地内及其毗邻地带造成的发包人、监理人以及第三者人员伤亡和财产损失，由承包人负责赔偿。

⑥ 环境保护。承包人应在施工组织设计中列明环境保护的具体措施。在合同履行期间，承包人应采取合理措施保护施工现场环境。对施工作业过程中可能引起的大气、水、噪声以及固体废物污染采取具体可行的防范措施。承包人应当承担因其原因引起的环境污染侵权损害赔偿责任，因上述环境污染引起纠纷而导致暂停施工的，由此增加的费用和（或）延误的工期由承包人承担。

（6）工期和进度

① 施工组织设计。施工组织设计应包含的内容：施工方案；施工现场平面布置图；施工进度计划和保证措施；劳动力及材料供应计划；施工机械设备的选用；质量保证体系及措施；安全生产、文明施工措施；环境保护、成本控制措施；合同当事人约定的其他内容。

② 施工进度计划。承包人按照施工组织设计约定提交详细的施工进度计划，施工进度计划的编制应当符合国家法律规定和一般工程实践惯例，施工进度计划经发包人批准后实施。施工进度计划不符合合同要求或与工程的实际进度不一致的，承包人应向监理人提交修订的施工进度计划，并附具有关措施和相关资料，由监理人报送发包人。发包人和监理人应在收到修订的施工进度计划后 7 天内完成审核和批准或提出修改意见。

③ 开工。发包人应按照法律规定获得工程施工所需的许可。经发包人同意后，监理人发出的开工通知应符合法律规定。监理人应在计划开工日期 7 天前向承包人发出开工通知，工期自开工通知中载明的开工日期起算。承包人发现发包人提供的测量基准点、基准线和水准点及其书面资料存在错误或疏漏的，应及时通知监理人。监理人应及时报告发包人，并会同发包人和承包人予以核实。发包人应就如何处理和是否继续施工作出决定，并通知监理人和承包人。在合同履行过程中，因下列情况导致工期延误和（或）用增加的，由发包人承担由此延误的工期和（或）增加的费用，且发包人应支付承包人合理的利润。

发包人未能按合同约定提供图纸或所提供图纸不符合合同约定的；发包人未能按合同约定提供施工现场、施工条件、基础资料、许可、批准等开工条件的；

发包人提供的测量基准点、基准线和水准点及其书面资料存在错误或疏漏的；发包人未能在计划开工日期之日起 7 天内同意下达开工通知的；发包人未能按合同约定日期支付工程预付款、进度款或竣工结算款的；监理人未按合同约定发出指示、批准等文件的；专用合同条款中约定的其他情形。

因发包人原因未按计划开工日期开工的，发包人应按实际开工日期顺延竣工日期，确保实际工期不低于合同约定的工期总日历天数。因承包人原因造成工期延误的，可以在专用条款中约定逾期竣工违约金的计算方法和逾期竣工违约金的上限。承包人支付逾期竣工违约金后，不免除承包人继续完成工程及修补缺陷的义务。

（7）材料与设备

① 发包人供应材料与工程设备。发包人自行供应材料、工程设备的，应在签订合同时在专用合同条款的附件《发包人供应材料设备一览表》中明确材料与工程设备的品种、规格、型号、数量、单价、质量等级和送达地点。承包人应提前 30 天通过监理人以书面形式通知发包人供应材料与工程设备进场。

② 承包人采购材料与工程设备。承包人负责采购材料、工程设备的，应按照设计和有关标准要求采购，并提供产品合格证明及出厂证明，对材料、工程设备质量负责。合同约定由承包人采购的材料、工程设备，发包人不得指定生产厂家或供应商，发包人违反本款约定指定生产厂家或供应商的，承包人有权拒绝，并由发包人承担相应责任。

（8）试验与检验

承包人根据合同约定或监理人指示进行的现场材料试验，应由承包人提供试验场所、试验人员、试验设备以及其他必要的试验条件。材料复核试验，承包人应予以协助。

承包人应按合同约定进行材料、工程设备和工程的试验和检验，并为监理人对上述材料、工程设备和工程的质量检查提供必要的检验资料和原始记录。

（9）变更

除专用合同条款另有约定外，合同履行过程中发生以下情形的，应当进行合同变更：增加或减少合同中任何工作，或追加额外的工作；取消合同中任何工作，但转由他人实施的工作除外；改变合同中任何工作的质量标准或其他特性；改变工程的基线、标高、位置和尺寸；改变工程的时间安排或实施顺序。

发包人和监理人均可以提出变更。变更指示均通过监理人发出，监理人发出变更指示前应征得发包人同意。因变更引起工期变化的，合同当事人均可要求调整合同工期。

（10）价格调整

市场价格波动引起的调整，除专用合同条款另有约定外，市场价格波动超过合同当事人约定的范围，合同价格应当调整。

基准日期后，法律变化导致承包人在合同履行过程中所需要的费用发生约定以外的增加时，由发包人承担由此增加的费用；减少时，应从合同价格中予以扣减。基准日期后，因法律变化造成工期延误时，工期应予以顺延。

（11）合同价格、计量与支付

① 合同价格形式。发包人和承包人应在合同协议书中选择下列一种合同价格形式。

a. 单价合同。单价合同是指合同当事人约定以工程量清单及其综合单价进行合同价格计算、调整和确认的建设工程施工合同，在约定的范围内合同单价不作调整。

b. 总价合同。总价合同是指合同当事人约定以施工图、已标价工程量清单或预算书及有关条件进行合同价格计算、调整和确认的建设工程施工合同，在约定的范围内合同总价不作调整。

② 预付款。预付款的支付按照专用合同条款约定执行，但最迟应在开工通知载明的日期 7 天前支付。预付款应当用于材料、工程设备、施工设备的采购及修建临时工程、组织施工队伍进场等。

③ 工程进度款结算与支付。除专用合同条款另有约定外，工程进度款结算与支付方式如下。

a. 工程进度款结算方式。工程进度款结算方式分为按月结算与支付、分段结算与支付。

按月结算与支付即实行按月支付进度款，竣工后清算的办法。合同工期在 2 个年度以上的工程，在年终进行工程盘点，办理年度结算。

分段结算与支付即当年开工、当年不能竣工的工程按照工程形象进度，划分不同阶段支付工程进度款。具体划分在合同中明确。

b. 工程量计算。承包人应当按照合同约定的方法和时间，向发包人提交已完工程量的报告。发包人接到报告后 14 天内核实已完工程量，并在核实前 1 天通知承包人，承包人应提供条件并派人参加核实，承包人收到通知后不参加核实，以发包人核实的工程量作为工程价款支付的依据。发包人不按约定时间通知承包人，致使承包人未能参加核实，核实结果无效。

发包人收到承包人报告后 14 天内未核实完工程量，从第 15 天起，承包人报告的工程量即视为被确认，作为工程价款支付的依据，双方合同另有约定的，按合同执行。对承包人超出设计图纸（含设计变更）范围和因承包人原因造成返工的工程量，发包人不予计量。

工程进度款支付：根据确定的工程计量结果，承包人向发包人提出支付工程进度款申请 14 天内，发包人应按不低于工程价款的 60%，不高于工程价款的 90% 向承包人支付工程进度款。按约定时间发包人应扣回的预付款，与工程进度款同期结算抵扣。发包人超过约定的支付时间不支付工程进度款，承包人应及时向发包人发出要求付款的通知，发包人收到承包人通知后仍不能按要求付款，可与承包人协商签订延期付款协议，经承包人同意后可延期支付，协议应明确延期支付的时间和从工程计量结果确认后第 15 天起计算应付款的利息（利率按同期银行贷款利率计）。发包人不按合同约定支付工程进度款，双方又未达成延期付款协议，导致施工无法进行，承包人可停止施工，由发包人承担违约责任。

（12）验收和工程试车

① 分部分项工程验收。分部分项工程质量应符合国家有关工程施工验收规范、标准及合同约定，承包人应按照施工组织设计的要求完成分部分项工程施工。分部分项工程的验收资料应当作为竣工资料的组成部分。

② 竣工验收。竣工验收条件及程序如下所述。

工程具备以下条件的，承包人可以申请竣工验收：除发包人同意的甩项工作和缺陷修补工作外，合同范围内的全部工程以及有关工作，包括合同要求的试验、试运行以及检验均已完成，并符合合同要求；已按合同约定编制了甩项工作和缺陷修补工作清单以及相应的施工计划；已按合同约定的内容和份数备齐竣工资料。

承包人申请竣工验收的，应当按照以下程序进行：承包人向监理人报送竣工验收申请报告，监理人应在收到竣工验收审请报告后 14 天内完成审查并报送发包人。监理人审查后认为尚不具备验收条件的，应通知承包人在竣工验收前承包人还需完成的工作内容，承包人应在完成监理人通知的全部工作内容后，再次提交竣工验收申请报告。

监理人审查后认为已具备竣工验收条件的，应将竣工验收申请报告提交发包人，发包人应在收到经监理人审核的竣工验收申请报告后 28 天内审批完毕并组织监理人、承包人、设计人等相关单位完成竣工验收。竣工验收合格的，发包人应在验收合格后 14 天内向承包人签发工程接收证书。

③ 竣工日期。工程经竣工验收合格的，以承包人提交竣工验收申请报告之日为实际竣工日期，并在工程接收证书中载明；因发包人原因，未在监理人收到承包人提交的竣工验收申请报告 42 天内完成竣工验收，或完成竣工验收不予签发工程接收证书的，以提交竣工验收申请报告的日期为实际竣工日期；工程未经竣工验收，发包人擅自使用的，以转移占有工程之日为实际竣工日期。

④ 竣工退场。颁发工程接收证书后，承包人应按以下要求对施工现场进行清理：施工现场内残留的垃圾已全部清除出场；临时工程已拆除，场地已进行清理、平整或复原；按合同约定应撤离的人员、承包人施工设备和剩余的材料，包括废弃的施工设备和材料，已按计划撤离施工现场；施工现场周边及其附近道路、河道的施工堆积物，已全部清理；施工现场其他场地清理工作已全部完成。

（13）竣工结算

除专用合同条款另有约定外，承包人应在工程竣工验收合格后 28 天内向发包人和监理人提交竣工结算申请单，并提交完整的结算资料。有关竣工结算申请单的资料清单和份数等要求由合同当事人在专用合同条款中约定。

除专用合同条款另有约定外，监理人应在收到竣工结算申请单后 14 天内完成核查并报送发包人。发包人应在收到监理人提交的经审核的竣工结算申请单后 14 天内完成审批，并由监理人向承包人签发经发包人签认的竣工付款证书。监理人或发包人对竣工结算申请单有异议的，有权要求承包人进行修正和提供补充资料，承包人应提交修正后的竣工结算申请单。除专用合同条款另有约定外，发包人应在签发竣工付款证书后的 14 天内，完成对承包人的竣工付款。发包人逾期支付的，按照中国人民银行发布的同期同类贷款基准利率支付违约金；逾期支付超过 56 天的，按照中国人民银行发布的同期同类贷款基准利率的两倍支付违约金。

（14）责任与保修

在工程移交发包人后，因承包人原因产生的质量缺陷，承包人应承担质量缺陷责任和保修义务。缺陷责任期届满，承包人仍应按合同约定的工程各部位保修年限承担保修义务。

缺陷责任期从工程通过竣工验收之日起计算，合同当事人应在专用合同条款约定缺陷责任期的具体期限，但该期限最长不超过 24 个月。缺陷责任期内，由承包人原因造成的缺陷，承包人应负责维修，并承担鉴定及维修费用。由他人原因造成的缺陷，发包人负责组织维修，承包人不承担费用，且发包人不得从保证金中扣除费用。

（15）违约

① 发包人违约的情形。在合同履行过程中发生的下列情形，属于发包人违约：因发包人原因未能在计划开工日期前 7 天内下达开工通知的；因发包人原因未能按合同约定支付合同价款的；发包人自行实施被取消的工作或转由他人实施的；发包人提供的材料、工程设备的规格、数量或质量不符合合同约定，或因发包人原因导致交货日期延误或交货地点变更等情况的；因发包人违反合同约定造成暂停施工的；发包人无正当理由没有在约定期限内发出复工指示，导致承包人无法复工的；发包人明确表示或者以其行为表明不履行合同主要义务的；发包人未能按照合同约定履行其他义务的。

发包人应承担因其违约给承包人增加的费用和（或）延误的工期，并支付承包人合理的利润。

② 承包人违约的情形。在合同履行过程中发生的下列情形，属于承包人违约：承包人违反合同约定进行转包或违法分包的；承包人违反合同约定采购和使

用不合格的材料和工程设备的；因承包人原因导致工程质量不符合合同要求的；承包人未经批准，私自将已按照合同约定进入施工现场的材料或设备撤离施工现场的；承包人未能按施工进度计划及时完成合同约定的工作，造成工期延误的；承包人在缺陷责任期及保修期内，未能在合理期限对工程缺陷进行修复，或拒绝按发包人要求进行修复的；承包人明确表示或者以其行为表明不履行合同主要义务的；承包人未能按照合同约定履行其他义务的。

（16）不可抗力

不可抗力是指合同当事人在签订合同时不可预见，在合同履行过程中不可避免且不能克服的自然灾害和社会性突发事件，如地震、海啸、瘟疫、骚乱、戒严、暴动、战争等情形。不可抗力发生后，发包人和承包人应收集证明不可抗力发生及不可抗力造成损失的证据，并及时认真统计所造成的损失。

不可抗力引起的后果及造成的损失由合同当事人按照法律规定及合同约定各自承担。不可抗力发生前已完成的工程应当按照合同约定进行计量支付。不可抗力导致的人员伤亡、财产损失、费用增加和（或）工期延误等后果，由合同当事人按以下原则承担。

① 永久工程、已运至施工现场的材料和工程设备的损坏，以及因工程损坏造成的第三人人员伤亡和财产损失由发包人承担。

② 承包人施工设备的损坏由承包人承担。

③ 发包人和承包人承担各自人员伤亡和财产的损失。

④ 因不可抗力影响承包人履行合同约定的义务，已经引起或将引起工期延误的，应当顺延工期，由此导致承包人停工的费用损失由发包人和承包人合理分担，停工期间必须支付的工人工资由发包人承担。

⑤ 因不可抗力引起或将引起工期延误，发包人要求赶工的，由此增加的赶工费用由发包人承担。

⑥ 承包人在停工期间按照发包人要求照管、清理和修复工程的费用由发包人承担。

（17）保险

除专用合同条款另有约定外，发包人应投保建筑工程一切险或安装工程一切险；发包人委托承包人投保的，因投保产生的保险费和其他相关费用由发包人承担。

（18）索赔

① 承包人的索赔。根据合同约定，承包人认为有权得到追加付款和（或）延长工期的，向发包人提出索赔。

对承包人索赔的处理如下：监理人应在收到索赔报告后 14 天内完成审查并报送发包人，监理人对索赔报告存在异议的，有权要求承包人提交全部原始记录副本；发包人应在监理人收到索赔报告或有关索赔的进一步证明材料后 28 天内，由监理人向承包人出具经发包人签认的索赔处理结果，发包人逾期答复的，则视为认可承包人的索赔要求；承包人接受索赔处理结果的，索赔款项在当期进度款中进行支付；承包人不接受索赔处理结果的，按照争议解决约定处理。

② 发包人的索赔。根据合同约定，发包人认为有权得到赔付金额和（或）延长缺陷责任期的，监理人应向承包人发出通知并附有详细的证明。

对发包人索赔的处理如下：承包人收到发包人提交的索赔报告后，应及时审查索赔报告的内容、查验发包人证明材料；承包人应在收到索赔报告或有关索赔的进一步证明材料后 28 天内，将索赔处理结果答复发包人，如果承包人未在上述期限内作出答复的，则视为对发包人索赔要求的认可；承包人接受索赔处理结果的，发包人可从应支付给承包人的合同价款中扣除赔付的金额或延长缺陷责任期；发包人不接受索赔处理结果的，按争议解决约定处理。

（19）争议解决

① 和解。合同当事人可以就争议自行和解，自行和解达成协议的经双方签字并盖章后作为合同补充文件，双方均应遵照执行。

② 调解。合同当事人可以就争议请求建设行政主管部门、行业协会或其他第三方进行调解，调解达成协议的，经双方签字并盖章后作为合同补充文件，双方均应遵照执行。

③ 仲裁或诉讼。因合同及合同有关事项产生的争议，合同当事人可以在专用合同条款中约定以下一种方式解决争议：向约定的仲裁委员会申请仲裁、向有管辖权的人民法院起诉。

6.3.4　施工合同专用条款的主要内容

专用条款是针对不同的工程项目，需要专门约定的内容，其内容与通用条款相似，共 20 条，包括：一般约定、发包人、承包人、监理人、工程质量、安全文明施工与环境保护、工期和进度、材料与设备、试验与检验、变更、价格调整、合同价格、计量与支付、验收和工程试车、竣工结算、缺陷责任期与保修、违约、不可抗力、保险、索赔以及争议解决，但是其内容是针对具体的施工项目。

对于采用 BIM 技术支持的施工项目，在专用条款中，还必须明确以下几点。

① BIM 软件使用需满足的目标要求及达到的效果。

② BIM 软件的升级及使用中的优化问题。

③ 招标文件中要求的以云端数据储存系统为支撑的信息管理平台及多用户协同管理平台的实现问题。

④ BIM 软件的使用设备的配备要求及权属问题。

⑤ 项目竣工验收交付以后，软件的归属权问题。

⑥ 今后项目参与报奖，奖项的权属问题等。

6.4 施工项目专用条款实例

项目工程名称：某集团办公商务中心

工程地点：（略）

开工竣工日期：2021 年 4 月 15 日至 2022 年 10 月 30 日

预计投资总额：4.346 亿元人民币

工程质量要求：达到"省优"标准

项目组成及建筑规模见表 6-1。

表 6-1　项目组成及建筑规模

序号	项目	内容	
1	建筑功能	集办公、酒店等功能为一体的综合性大楼	
2	建筑特点	体量大、地下结构为整体，裙房以上为单体高层	
3	结构形式	全现浇钢筋混凝土框架	
4	抗震烈度	7 度	
5	使用年限	设计使用年限 50 年	
6	建筑面积	酒店 54761m²，办公楼 36554.4m²	
7	建筑高度	绝对标高	1540.4m
		建筑总高	107.35m
8	建筑防水	建筑分类为一类建筑防火等级为一级防火	
9	墙面保温	70 厚挤塑保温板，传热系数 $K = 0.41W/（m^2 \cdot K）$	

6.4.1 一般约定

（1）合同文件的组成

合同文件组成及解释顺序如下。

① 本合同协议书。

② 中标通知书。

③ 本合同专用条款。

④ 本施工项目招标文件。

⑤ 标准、规范及有关技术文件。

⑥ 图纸。

⑦ 投标书及其附件。

⑧ 本合同通用条款。

⑨ 工程量清单。

⑩ 工程报价单或预算书。

⑪ 双方有关工程的洽商、变更等书面协议或文件视为本合同的组成部分。以及双方在履行合同过程中形成的通知、会议纪要备忘录、补充文件、指令、传真、电子邮件、变更和洽商等书面形式的文件。

（2）合同当事人及其他相关方

发包人：（略）

承包人：（略）（含项目经理、分包人、联合体）

监理人：（略）

设计人：（略）

（3）项目适合的法律、法规

《中华人民共和国建筑法》《中华人民共和国民法典》《建筑工程质量管理条例》。

（4）项目适合的标准和规范

《建筑工程验评标准及施工规范》、工程竣工验收应依照《建设工程质量管理条例》及《建筑工程施工质量验收统一标准》为国家标准，编号为 GB50300—2013。工程质量必须经验收为"省优"或以上标准。

（5）图纸和承包人文件

发包人向承包人提供图纸日期和套数：合同签订后一周内提供 4 套施工图纸及电子版 BIM 图纸 1 套；竣工前 1 周内提供竣工图 4 套电子版 BIM 图纸 1 套。发包人对图纸要求保密。

需要由承包人提供的文件，包括以下几点。

① 负责搭建以云端数据储存系统为支撑的信息管理平台及多用户协同管理平台，实现项目管理全寿命周期内的信息数据的同步及共享并负责视频会议及通信系统的搭建及维护。

② 负责各专业设备、材料 BIM 模型的建模工作。具体包括：

负责地面临时场地相关建筑物的规划及建模（包含管理用房区、材料加工区、材料堆放检验区、大型设备转运过渡区、场内道路、地面管道开挖区域等），利用 BIM 技术杜绝地面临时场地相关建筑物的反复拆装、倒边等情况。

③ 办公商务中心建筑物、主要设备、给排水及消防管道、周边环境的建模

工作。并进行碰撞检查。

④负责利用项目管理软件，结合 BIM 模型及各专业、各工序的特点，实现施工组织设计（含专项施工方案）的可视化，并可按照日、周、月、季度等细度对可视化施工组织设计进行细分，进一步保证施工组织设计的精细化及可执行性。

⑤负责利用协同管理平台，开展施工阶段的安全管理、质量控制进度控制、投资辅助管理，以及施工管理全寿命期内的资料归集、管理工作。

⑥负责施工人员区域管理系统的搭建及维护，运用于安全文明施工的控制与管理，实现施工区域化作业管控。

⑦负责按业主要求实现工程的一体化、数字化移交，移交内容包括但不限于：办公商务中心施工项目的整体模型、工程施工阶段整合模型及工程竣工整合模型、数字化所有设备及材料模型、信息管理平台。

承包人提供的文件的期限为：签订合同后 7 日内，竣工资料需在竣工前1 周。

承包人提供的文件的数量为：1 份。

承包人提供的文件的形式为：电子文件。

（6）知识产权

关于发包人提供给承包人的图纸、发包人为实施工程自行编制或委托编制的技术规范以及反映发包人关于合同要求或其他类似性质的文件的著作权的归属：发包人；承包人需要做好保密工作。

关于承包人为实施工程所编制文件的著作权的归属：归发包人所有，费用含在工程款中。但是发包人和承包人都有从中受益的权利，比如工程参与评奖。

6.4.2 发包人

（1）监理单位委派的工程师的职权

监理单位委派的工程师，对于设计变更和工程变更、涉及工程进度及资金方面的事项等需经发包人批准。

（2）发包人派驻的工程师职权

发包人派驻的工程师具有行使现场的质量、进度、资金、安全控制等权利。对于设计变更和工程变更等涉及承包款相关的项目须书面报项目负责人总经理核准。

（3）发包人工作

发包人应按约定的时间和要求完成以下工作。

①施工场地具备施工条件的要求及完成的时间。

② 已具备将施工所需的水、电、电讯线路接至施工场地的时间、地点和供应要求；停电停水要求施工方自备发电机和自建备用水池已解决，不顺延工期。

③ 已具备施工场地与公共道路的通道开通时间和要求。

④ 开工前 10 日，发包人将工程地质和地下管线资料提供给承包人。

⑤ 由发包人办理的施工所需证件、批件的名称和完成时间：由承包人协助办理，风险共担。

⑥ 水准点与坐标控制点交验要求：承包人进场后 1 周内发包人将±0.00 标高及坐标点交承包人。

⑦ 图纸会审和设计交底时间：合同签订后 1 周。

⑧ 协调处理施工场地周围地下管线和邻近建筑物、构筑物（含文物保护建筑）、古树名木的保护工作；承包人对涉及影响施工的应向发包人提出建议，由发包人妥善解决。

6.4.3　承包人

承包人应按约定时间的要求，完成以下工作。

① 承包人应无条件服从及配合发包人在本项目上实施的项目信息化管理工作，并为此按发包人信息化管理的要求配备足够的人员、计算机和网络设备以及相关软件，费用含在合同报价中。

② 本项目将实行"BIM"信息化管理模式，建立 BIM 建筑信息模型，利用数字技术包括 CAD、可视化、参数化、GIS、精益建造、流程、互联网、移动通信等表达建设项目几何、物理和功能信息以支持项目生命周期建设、运营、管理决策的技术、方法或者过程。施工承包商在项目开工前应制定适合本项目标段的"BIM"信息化管理实施方案，报送监理单位及业主单位审核通过后实施，相关费用包含在合同报价中。

③ 施工过程实现运用 BIM 建立室内外管线模型，并进行三维管线的碰撞检查及提交综合管线节点 3D 图示。承包人在室内外管线及接触网基础施工前须应用 BIM 技术进行三维管线的碰撞检查，向监理及发包人提交碰撞检查报告并对碰撞检查中出现冲突的节点予以解决后方可进行室内外综合管线与接触网基础的施工。

④ 实现基于 BIM 的三维虚拟施工，通过 BIM 技术结合施工方案、施工模拟和现场视频监测，大大减少建筑质量问题，安全问题，减少返工和整改。

⑤ 对材料进场实现信息化监控、使用数字化条形码记录施工项目主要材料的进出场情况，并在 BIM 系统上实时显示。

⑥ 基于 BIM 模型的文档管理，将文档等通过手工操作和 BIM 模型中相应部

位进行链接。对文档的搜索、查阅、定位功能，并且所有操作在基于四维 BIM 可视化模型的界面中，充分提高数据检索的直观性，提高相关资料的利用率。当施工结束后，自动形成的完整的信息数据库，为工程管理人员提供快速查询定位。

⑦ 合同签订 10 日内提供施工进度总计划，施工方案，按月提供月施工进度计划（每月 25 日）并报告月施工计划完成情况（每月 5 日）。

⑧ 承包人应严格做好安全保卫工作，严格执行安全操作规程，确保施工场地物资及人员安全。

⑨ 向发包人提供 2 间办公室（生活住房），用以办公及现场生活。

⑩ 需承包人办理的有关施工场地交通、环卫和施工噪声管理等手续，承包人需负责办理。

⑪ 承包人负责成品保护，未经移交发包人前的一切由承包人负责，费用已包括在合同价款内。

⑫ 施工现场的承包人应做好施工场地周围地下管线和邻近建筑物、构筑物（含文物保护建筑）、古树名木的保护，承担相应费用，并及时向发包人报告。

⑬ 承包人应按文明施工规范规定，确保施工现场的文明、整洁，做好施工场院清洁卫生工作。

⑭ 施工期间发生在施工现场的附属工程、零星工程承包人应无条件按发包人要求承接完成，并另外签补充协议。此部分工程费用按"设计变更和工程变更增加"的结算办法执行。

6.4.4　施工组织设计和工期

① 承包人提供施工组织设计（施工方案）和进度计划的时间：开工前 10 日内。

② 工程师确认的时间：发包方在收到后 5 日内。

③ 双方约定工期顺延的其他情况：合同总工期是指符合国家、行业竣工条件，满足发包人正常使用。本工程承包人已充分考虑了气候、工程量意外及其他人为意外情况，无引起工期顺延情况，不可抗力因素除外。

6.4.5　安全施工

承包人按合同约定，并遵照《建设工程质量管理条例》及有关安全生产的法律规定，进行采购、施工、竣工试验，保证工程的安全性能。承包人有权拒绝发包人一切违反安全管理规定的要求，有权要求发包人进入现场人员严格按承包人现场安全管理规定执行。

6.4.6　合同价款与支付

（1）本合同价款采用方式

采用固定价格合同，合同价款中包括的风险范围包括了材料、人工、设备等一切价格变动风险；因承包人投标时漏项、计算错误及工程质量、安全施工意外等引起的工程量变化风险；与本工程价格相关的一切其他风险。

风险范围以外合同价款调整方法：发包人调整设计方案的，要按照原投标文件中的材料、人工、设备等价格及新的工程量重新调整价格。

（2）工程预付款

发包人向承包人预付工程款的时间和金额：在工程开工放线时，预付工程款3%。

（3）工程款（进度款）支付

双方约定的工程款（进度款）支付的方式和时间：基础完成通过验收，支付土建工程款的15%；五层楼面完成，支付土建工程款的12%；十层楼面完成，支付土建工程款的10%，主体完成通过验收支付土建工程款的20%。竣工初验完成通过验收，支付至合同工程款的85%。工程竣工通过（相关竣工资料完成审查可以办理房产证，竣工决算完成审计且经双方确认）且完成工程决算审计支付至合同工程款的95%，剩余的5%为保修金，竣工验收合格后满1年付3%，满2年付2%。

（4）暂估价

承包人在投标过程及施工过程中开发的BIM模型、操作平台及配套设备等，以暂估价列支，为20万元。

6.4.7　材料设备供应

本工程所有材料均由承包人自行采购，承包人采购的材料必须符合图纸及国家、行业相关技术标准要求，并按规定提供合格证明。其中安装工程使用材料由承包人在采购前依据原预算规定提供样品报发包人审查，经发包人书面确认后方可采购和使用。发包人应在收到承包人样品3日内反馈确认结果。发包方指定材料时，因此而产生与原预算材料价差按工程变更办理手续并补材料价差。

6.4.8 工程变更

提出方书面提出变更事项，需阐述理由；监理审查是否合理及经济，审查同意后监理签署意见；涉及结构变更等需要设计人确认的事项，由监理通知发包人与设计人沟通，必需请设计人确认；其他变更原则上应经设计人确认。

发包人现场工程师审查同意并签证后，由发包人现场工程师呈发包人项目负责人审批并签字同意。由此引起的工程费用增减结算按原工程量清单（含合同附件）报价中原有的项目价格调整；原工程量清单上没有的项目，按招标文件相应条款执行。

6.4.9 质量竣工验收与结算

① 工程竣工后，承包人自行检查、检验、检测和试验合格的，向发包方提供完整的竣工资料，并通知发包人会同相关质检部门根据国家、行业规定验收。发包人在收到承包人的竣工申请（含竣工资料）后 10 日内组织验收。验收合格并完成各项整改项目、在收到承包人决算资料后 1 周内与承包人共同完成委托外部单位审计，审计无误双方签订决算协议后支付决算工程款。

② 经质量检查，发现因承包人原因引起的质量缺陷，发包人有权下达修复、拆除、返工、重新施工、更换等指令，由此增加的费用由承包人承担。

③ 对施工质量检验和验收结果的争议，首先协商解决。经协商未达成一致意见的，委托双方一致同意的具有相应资格的工程质量检测机构进行鉴定。根据鉴定结果，责任方为承包人时，因此造成的费用增加或竣工日期延误，由承包人负责；责任方为发包人时，因此造成的费用增加由发包人承担，工程关键路径因争议受到延误的，竣工日期相应顺延。

6.4.10 违约和争议

（1）本合同中关于违约的具体规定

本合同通用条款约定发包人违约应承担的违约责任：应付价款金额同期银行贷款利息承担。双方约定的承包人其他违约责任：施工期内拒接附属工程、零星工程，承包人应赔偿因此给发包人造成的全部损失并支付相应工程款 20％的违约金。

（2）争议的解决

合同未尽事项，双方可随时协商确定，如果发生纠纷，由双方协商解决，协商不成的，向发包人所在地人民法院起诉。

6. 4. 11　其他

（1）工程分包

本工程主体发包人不允许分包，否则甲方有权立即终止合同并向乙方索赔。

（2）本工程双方约定投保内容

发包人委托承包人办理建筑工程一切险和建筑施工人员团体险的保险事宜。费用已经包括在合同金额内。

（3）补充条款

① 本工程招标文件为本合同文件内容，招标文件中的相关规定构成本合同规定，承包方投标文件中与招标文件不一致的地方，除非本合同专用条款中另有约定，否则一概无效。

② 竣工时，进厂主干道必须同步完成，符合国家道路使用条件，发包人能够正常使用。

③ 发包方发出开工通知书后 7 日为开工日期，要求发包人于此前完成工程用临时水、电的接水接电工作，并向承包人移交。承包人负责移交后设备的管理工作。

④ 本项目主体不得以任何形式将工程转包他人，工程质量不符合要求或工期延误超过一个月，发包人有权随时终止合同。合同终止后承包人应在 10 日内退场完毕，对发包人所造成的一切损失均由承包人负责赔偿且发包人不承担承包人任何损失。未及时退场按工期违约处理。

本合同一式六份，发包人三份，承包人三份。

发包人：＿＿＿＿＿（盖单位章）　　　　承包人：＿＿＿＿＿（盖单位章）

电话：＿＿＿＿＿＿＿＿＿＿＿　　　　　电话：＿＿＿＿＿＿＿＿＿＿＿

传真：＿＿＿＿＿＿＿＿＿＿＿　　　　　传真：＿＿＿＿＿＿＿＿＿＿＿

发包人地址：＿＿＿＿＿＿＿＿＿　　　　承包人地址：＿＿＿＿＿＿＿＿＿

邮政编码：＿＿＿＿＿＿＿＿＿＿　　　　邮政编码：＿＿＿＿＿＿＿＿＿＿

日期：＿＿年＿＿月＿＿日　　　　　　　日期：＿＿年＿＿月＿＿日

6. 5　FIDIC 土木工程施工合同条件

6. 5. 1　FIDIC 组织简介

（1）FIDIC 组织构成

FIDIC 是国际咨询工程师联合会的法文缩写，FIDIC 是于 1913 年由欧洲 4

个国家的咨询工程师协会联合成立的一个非官方机构，旨在通过编制高水平的标准文件，召开研讨会，传播工程信息，从而推动全球范围内高质量、高水平的工程咨询服务行业的发展。中国工程咨询协会于 1996 年参加了 FIDIC，成为其正式成员。

FIDIC 专业委员会编制了一系列规范性合同条件，构成了 FIDIC 合同条件体系，不仅被 FIDIC 会员国在世界范围内广泛使用，也被世界银行、亚洲开发银行、非洲开发银行等世界金融组织在招标文件中使用。

每种 FIDIC 合同条件文本主要包括通用条件和专用条件两个部分，在使用中可利用专用条件对通用条件的内容进行修改和补充，从而满足各类项目的不同需要。FIDIC 合同条件的优点是：具有国际性、通用性、公正性和严密性；合同各方职责分明，各方的合法权益可以得到保障；处理与解决问题程序严谨，易于操作。FIDIC 合同条件将与工程管理相关的技术、经济、法律三者有机地结合在一起，构成了一个较为完善的合同体系。

（2）FIDIC 文件构成

FIDIC 在 1999 年出版了 4 种新版的合同条件，在继承了以往合同条件优点的基础上，在内容、结构和措辞等方面作了较大修改，进行了重大调整。FIDIC 新版的合同条件的适用条件如下。

①《施工合同条件》。《施工合同条件》简称"新红皮书"。该文件适用于各类大型或复杂工程，推荐用于有雇主或其代表——工程师设计的房屋建筑或工程，主要用于单价合同。在这种合同形式下，承包商一般按照雇主提供的设计施工，但工程中的某些土木、机械、电力和（或）建造工程也可以由承包商设计。

②《生产设备和设计-施工合同条件》。《生产设备和设计-施工合同条件》简称"新黄皮书"。该文件主要用于电气和机械设备的提供以及房屋建筑或工程的设计与施工，通常采用总价合同。由承包商按照雇主的要求，设计和提供生产设备或其他工程（可能包括土木、机械、电气和建筑物的任何组合形式），进行工程总承包；工程师负责监督设备的制造、安装和施工，以及签发支付证书；在包干价格下实施里程碑支付，但在个别情况下，也可以采用单价支付。

③《设计采购施工（EPC）/交钥匙工程合同条件》。《设计采购施工（EPC）/交钥匙工程合同条件》简称"银皮书"。该文件适用于在交钥匙的基础上进行工厂或其他类似设施的加工、基础设施项目或其他类型开发项目的实施，采用总价合同。在这种合同条件下，项目的最终价格和要求的工期有更大程度的确定性，承包商承担项目实施的全部责任，雇主较少介入。由承包商进行所有的设计、采购和施工，最后提供一个设施配备完整、可以投产运行的项目。

④《简明合同格式》。《简明合同格式》简称"绿皮书"。该文件适用于投资金额较小、施工工期较短的建筑或工程，也可用于投资金额较大的工程，特别是

较简单的、重复性的、工期短的工程。在这种合同形式下，一般都是由承包商按照雇主或其代表——工程师提供的设计实施工程，对于部分或完全由承包商设计的土木、机械、电力和（或）建造工程的合同也同样适用。合同形式可以是单价合同，也可以是总价合同，一般可以在编制合同时，在协议书中给出具体规定。

（3）FIDIC《施工合同条件》的文本结构

合同条件包括通用条件和专用条件。通用条件是一般土木工程所共同具备的共性条款，具有规范性、可靠性、完备性和适用性等特点，该部分可适用于任何工程项目，并可作为指标文件的组成部分而直接采用。专用条件与通用条件相对应，是合同双方根据企业实际情况和工程项目的具体特点，经过协商达成一致的内容，是对通用条款的确认、补充和修改，与通用条款一起构成整个合同的主体内容。

构成合同的各个文件应被视作互为说明的，但在出现含糊或歧义时，应由工程师对此作出解释或订正，工程师并就此向承包商发出有关指示。在此情况下，构成合同的各种文件的优先次序为：合同协议书（如有）、中标函、投标函、专用条件、通用条件、规范、图纸和资料以及其他构成合同的文件。

（4）FIDIC《施工合同条件》的特点

《施工合同条件》能够得到国际广泛的认可和使用，是因为其总结了近百年来国际工程承包活动的经验，明确划分了各有关方的责任，规范了合同履行过程中的管理程序，涵盖了合同履行过程中可能发生的各类情况，兼顾不同地区合同双方的利益。《施工合同条件》有如下特点。

① 作为一套国际上通用的合同标准文本，较好地反映了国际工程建设中的惯例，能为大多数国家和地区的业主及承包商所接受，充分体现了公平、经济、竞争的原则。

② 合同体系完整、严密，科学地把工程技术、管理、经济和法律有机地结合起来，并形成了相对固定的合同格式，条理清晰，便于应用。

③ 对业主、承包商、工程师各自的权利和义务规定明确，风险分担较为公平合理。承包商通过在工程造价、施工技术、质量管理等多方面的竞争，能有效地控制工程质量、工程造价和工期，兼顾业主和承包商双方的利益。

④ 适用于国际间大型复杂工程的合同管理，采用单价合同的承包方式。

6.5.2　FIDIC《施工合同条件》中各方当事人的权利和义务

（1）业主的责任和风险分担

① 业主的责任。业主应按投标函附录规定的时间向承包商提供现场，业主提供现场的时间以不影响开工或工程师批准的施工进度计划进行施工准备为原

则，否则承包商有权索赔费用和利润；业主应帮助承包商获得工程所在国（一般是建设单位国）的有关法律文本，协助承包商申请业主国法律要求的许可证和执照；业主有责任保证其人员配合承包商的工作，并遵守关于项目安全与环保的规定；业主应按合同约定向承包商支付工程款，如果业主对自己的资金安排作出大的变动，应通知承包商并详细说明情况。

② 业主的风险分担。FIDIC《施工合同条件》中关于业主的风险包括：战争以及敌对行为；工程所在国内部起义、恐怖活动、革命等内部战争和活动；非承包商（包括其分包商）人员造成的骚乱和混乱等；军火和其他爆炸性材料、放射性造成的离子辐射或污染等造成的威胁，但承包商使用此类物质的除外；飞机以及其他飞行器造成的压力波；业主方负责的工程设计；法律风险以及经济风险。

（2）承包商的一般义务

承包商应根据合同和工程师的指令进行施工和修复缺陷；提供实施工程期间所需的一切人员、物品、合同规定的永久设备和其他服务；对现场作业及施工方法的安全性和可靠性负责，为其文件、临时施工以及永久设备和材料的设计负责；工程师可以随时要求承包商提供施工方法和安排内容，如果承包商要修改，应事先通知工程师；如果合同要求承包商负责设计某部分永久工程，则承包商应按照合同规定的程序向工程师提交有关设计文件，文件应符合规范和图纸，并应对其设计的部分负责，在竣工验收之前按规范要求向工程师提供竣工文件操作和维修手册。

另外，承包商应按投标函规定的金额办理履约保证；按照合同规定的或工程师通知的原始数据放线；遵守一切适用的安全规章，保持现场井然有序，避免出现障碍物对人们的安全造成威胁；编制一套质量保证体系，表明其遵守合同的各项要求。

（3）工程师及工程师代表

在《施工合同条件》中，工程师的角色无处不在，可见其在工程实施过程中有着重要的地位。被称为工程师的就是国际工程界的咨询工程师，通常情况下指的是咨询公司，相当于我国的监理公司。无论国际还是国内，工程师都是受雇于建设单位来管理工程项目，是业主管理工程的具体执行者。

① 工程师。工程师是受业主任命，履行合同规定的职责，行使合同规定或合同隐含的权力，在合同实施过程中，工程师的具体职责是在业主和承包商签订的合同中规定的，如果业主要对工程师的某些职权作出限制，应在专用条件中作出明确规定。除非业主另外授权，否则工程师无权改变合同，也无权解除合同规定的承包商的任何义务。

② 工程师代表。工程师代表是由工程师任命并对工程师负责的，工程师可以随时授权工程师代表执行工程师授予的部分职责和权利。在授权范围内，工程

师代表的任何书面指示或批示应同工程师的指示和批示一样，对承包商有约束力。工程师也可随时撤销这种授权。承包商如果对工程师代表的决定有不同意见时，可书面提交工程师，工程师应对提出的问题进行确认、否定或更改。

6.5.3　FIDIC《施工合同条件》中解决合同争议的方式

在国际工程承包活动中，由于合同双方各自所处的法律背景、经济制度、文化意识形态等方面都存在各种各样的差异，工程施工过程中产生一些争端也是难以避免的。因此任何一个合同条件都必须给出一个争议解决的机制，否则双方难以圆满履行合同。

（1）解决合同争议的程序

① 提交工程师决定。FIDIC《施工合同条件》的基本出发点之一是在合同履行过程中建立以工程师为核心的项目管理模式，无论是承包商的索赔还是业主的索赔均应首先提交给工程师。任何一方要求工程师作出决定时工程师应与双方协商尽力达成一致，如果未能达成一致，应结合实际情况公平处理，并将决定通知双方且说明理由。

② 提交争端裁定委员会决定。如有一方不同意工程师的处理决定，任一方可以将事端以书面形式提交争端裁定委员会，由争端裁定委员会根据相应条款裁定。作出裁定后的 28 天内，任何一方未提出不满裁定的通知，此裁定即为最终的决定。

③ 双方协商。任何一方对裁定委员会的裁定不满意，或裁定委员会在 84 天内未作出裁定，在此期限后的 28 天内应将争议提交仲裁，仲裁机构在收到申请后的 56 天才开始审理，这期间双方应尽力以友好的方式解决合同争议。

④ 仲裁。若争端裁定委员会的决定没有成为最终决定，而且双方也没有通过协商解决争议，则只能由合同约定的仲裁机构最终解决。

（2）争端裁决委员会的构成

业主与承包商在签订合同时通过协商组成裁定委员会。裁定委员会可选定 1 名或 3 名成员，一般由 3 名成员组成，合同每一方应提名 1 名成员，并由对方批准。双方应与这 2 名成员共同商定第 3 名成员，且第 3 名成员作为主席。

参考文献

[1] 薛立，金益民．建设工程招投标与合同管理 [M]．2版．北京：机械工业出版社，2022.

[2] 陆泽荣，刘占省．BIM 应用与项目管理 [M]．2版．北京：中国建筑工业出版社，2018.

[3] 朱溢镕，黄丽华，肖跃军．BIM 造价应用 [M]．北京：化学工业出版社，2016.

[4] 程国强．BIM 信息技术应用系列图书：BIM 工程施工技术 [M]．北京：化学工业出版社，2019.

[5] 李云贵，建筑工程施工 BIM 深度应用：信息化施工 [M]．北京：中国建筑工业出版社，2020.

[6] 魏应乐，包海玲，盛黎，等．BIM 招投标与合同管理 [M]．北京：中国水利水电出版社，2019.

[7] 肖跃军，肖天一．工程造价 BIM 项目应用教程 [M]．北京：机械工业出版社，2021.

[8] 汪晨武．建筑工程 BIM 概论 [M]．北京：机械工业出版社，2017.

[9] 李国军，李思彤．建筑工程项目建设全过程造价咨询管理现状及对策 [J]．中国建筑装饰装修，2021（01）．

[10] 赵振宇．建设工程招投标与合同管理 [M]．北京：清华大学出版社，2019.

[11] 王秀艳，李艳．工程招投标与合同管理 [M]．北京：机械工业出版社，2014.

[12] 规范编制组．2013建设工程计价计量规范辅导 [M]．北京：中国计划出版社，2013.

[13] 徐玲玲，乔丽艳，钟丽华，等．BIM 技术在投标文件编制中的应用研究：以崇礼某酒店项目为例 [J]．河北建筑工程学院学报，2020.

[14] 姜琪．BIM 技术背景下的建筑企业投标流程及策略优化研究 [D]．成都：西华大学，2017.

[15] 王大伟．W 建筑工程招投标过程管理优化研究 [D]．哈尔滨：哈尔滨工业大学，2021.

[16] 关微，刘永红．BIM 技术在工程项目招投标中的应用 [J]．中国招标，2022（9）：3.

[17] 王敏．BIM 技术在建筑工程全过程造价管理中的应用研究 [D]．南昌：华东交通大学，2021.

[18] 杨月．基于 BIM 技术的建设工程招投标方法及应用研究 [D]．沈阳：沈阳建筑大学，2020.